人气主厨教你制作美味的东南亚料理

[泰] 天野中　图帕扬·马纳托

[越] 特拉·希·哈

[印] 奈尔善己　著

卞圆圆　译

U0276715

人民邮电出版社

北京

美味易做的人气主厨

东南亚料理

目录

第 1 部分

完全掌握 东南亚咖喱

奈尔主厨教教你

天野中、马纳托主厨教教你

第 2 部分
下酒小菜

小吃·沙拉·肉菜

天野中、马纳托主厨教教你

特拉·希·哈主厨教教你

第 3 部分
超人气菜单 面·米饭·汤

特拉·希·哈主厨教教你

东南亚下午茶时间

特拉・希・哈主厨教教你

东南亚料理的
便利指南

欢迎来到东南亚餐桌

很多人一旦喜欢上东南亚料理的味道，就会变得着迷。泰国·越南·印度三国料理餐厅也越来越多，现在我们随时随地就可以品尝到正宗的东南亚风味。

因此，为回应"想要更方便地享受东南亚美味"的声音，本书介绍了各国名店主厨们的人气料理制作方法。

首先，让我们先来了解一下各国料理的特征，再去探寻美味的奥秘所在。

要说最受欢迎的泰国料理，非鸡肉罗勒叶盖饭莫属。将菜炒好，淋在团好的米饭上，加上煎蛋，就成了一盘美味的主食。和拥有独特风味的罗勒"零陵香"混炒。煎蛋脆脆的蛋白和软软的蛋黄，搅开吃，绝对美味。以此人气料理为中心，加上美味鲜香的粉丝沙拉、大火炒出的空心菜、啤酒的最佳搭配泰式炸鱼肉饼，构成以辣味为主的泰式菜谱。餐桌上的调味料也可以根据个人口味随意添加。

泰国

菜单

鸡肉罗勒叶盖饭（→第115页）
拌粉丝（→第66页）
泰国炸鱼饼（→第56页）
爆炒空心菜（→第91页）

泰式料理甜・辣・酸

刺激的、自由的味道

泰式料理的美味之处，在于其甜、辣、酸的口感十分分明，即砂糖或椰糖的甜味、辣椒的辣味、醋或橘子的酸味。调和这些味道，就成了泰国的味道。在亚洲美食中，是既刺激又极具个性的味道。可能是因为受到邻国影响，在贸易往来中形成了这样的饮食文化。

其特征之一就是，根据自己喜欢的味道进行调味。在餐桌上，放置着甜、酸、咸等可随时补充味道的各种调味料，搭配料理一起食用。主厨表示："当然，不添加也很好吃。但是这样可以让人根据自己的口味添加喜欢的味道。"

天野中 ◆ 泰国餐厅"mango tree"执行总厨。恪守正宗的泰国味道，诚心提供受众人喜爱的味道和服务。

图帕扬・马纳托 ◆ "mango tree"专业主厨。在传授泰国料理做法的同时，还致力于传授泰国的饮食文化。亲和的笑容是微笑的国度——泰国最好的证明。

地方特色浓郁的料理

泰国各地收获的食材各不相同，逐渐形成了自己独特的饮食料理。泰式料理的基础是中国料理。北部多使用酱油或中华面。东北部以米、面食为主。中部地区为种稻地带，农作物丰富。南部临海，所以鱼类料理充足。受印度的影响印度风咖喱也是泰国常见料理。

准备材料也需要一番功夫

在家里做饭时，我们比较在意的是如何凑齐调味料等材料，尤其是一些不大常见的食材。但是随着泰国料理的普及，专门的食材店也在增加，你在网上也可以买到。泰式鱼露"nam pla"如今在超市里也可以买到。还有一些是可以自己做出来的，但如果想尽可能地做出地道的味道，还是请想办法购买。另外，不能用泰国朝天椒。它是泰国的代表性辣椒，即使用一点点，也会有要燃烧起来的辣味。冷冻的辣椒，一年四季随时都可以买到。

9

越南

提起越南，不得不说的就是大家所熟悉的、极具通透美感的、纸一般的米皮包裹着的生春卷。猪肉、鲜虾、蔬菜，加上香菜和馅料，一股脑儿地全塞到一起。咬上一口，各种味道冲击着味蕾。还可以蘸上一点比较稀有的南部甜面酱。另一道料理是罗望子酱炒虾。酱汁的酸甜加上整虾的鲜味，可以说是大师级的美味。另外，不加调味料的简单苦瓜汤、芳香扑鼻的莲子饭，也可以让您大饱口福。

菜单

越南料理

越南料理 香菜满满

一份越南料理，一定有大量的香菜。清新的香气迎面扑来，让人误以为是芳香疗法的效果，感到全身心的放松。各种蔬菜、香菜、薄荷等食材卷起来，或洒在料理上，和以越南鱼露为底料的酱或调味汁一起食用，清爽的口感、沁人的芳香在口中四散，余味无穷。再吃一口，再吃一口，筷子都停不下来了。醇厚的调味料、满满的香菜是越南料理美味的秘密。

丰富的大米 加工食品

和泰国一样，越南的大米出口量也在世界前列。肥沃的湄公河三角洲为越南提供了源源不断的大米。据说原本应该是一年4次的大米成熟期，因为休息1次，改为年收获3次。因为有充足的大米，所以其吃法也是多种多样的。除去平常煮米饭吃之外，粽子、红豆饭、粥等，小吃摊上都可以买到，每天的早饭、午饭、小吃都可以吃到。还可以将大米加工成米粉，做成米粉或米皮。也可以以米粉代替米饭，不另盛在饭碗里，直接食用。要是没有米，就无法做越南料理。

特拉·希·哈◆生于越南中部的海滨城市芽庄。1996年创办了梦寐以求的越南料理店"青木瓜"。制作美食的理念是忠于当地味道。对于难以得到的食材，她总是自己手工制作，经常反复试验尝试做出新菜。抱着推广越南料理的想法，经常出入各种料理教室。此外，在她自己的店里也会每月1次开设料理教室。其美味的料理和温柔的笑脸，吸引着许多远方的客人。

越式风格

　　越南同时拥有亚洲及欧洲两种风格的面点。点心和米饭分食的风格及面点来源于中国。三明治、越南咖啡来源于法国。不同的文化自然地融入越南，构成其独特的风格。此外，各地区的饮食文化也有所不同，比如河内的北部，简单的料理较多，咸味较重；中部会用很多辣椒，辣而清爽是其主流的味道；南部多用砂糖，料理多偏甜，在大海或湄公河流域所捕的鱼类做成的鱼料理也种类丰富。

提到印度料理，首先想做的就是印度咖喱中最经典的鸡肉咖喱。使用简单的调味料，让带骨鸡肉充分提味，以品尝正宗的印度风味。再加上直接用火烤的无添加面包和番红花米饭。原本面包或是米饭，取其中一样就足够了，但难得的是配上印度咖喱，两者都尝一下更加美味。佐菜配之以炒虾和酸奶沙拉。酸奶沙拉和咖喱搅拌食用是印度的常见吃法。再加上刺激的印度泡菜。饭后再来一杯印度奶茶就完美了。

菜单

印度

印度料理，香料是生命

刺激食欲的魅惑之香

香料是印度料理不可或缺的元素。组合各种香料，香浓味佳。几乎可以说"印度料理就是用香料做的"。最终的味道如何，取决于你怎样使用香料。其手法极其简单。"将未经碾磨的香料用油翻炒至出味""翻炒粉状香料直至出味"，所有方法都在这里。只要你按这两点来做，就可以做出刺激食欲的香料。

南北不同的饮食文化

印度大体分为南北两块。北部多为不适合农业生产的山岳地带，饮食以肉类为主，特别是会经常食用成年羊肉和羊羔肉。南部从很久以前开始，就是大米作物较多，饮食也以大米为主，整体口味较清爽。印度南部的素食主义者较多，所以简单的蔬菜料理很丰富。

使用香料无规则

我们只说了香料这一个词，但是因其种类繁多，对于大多数人来说，使用起来还是很难的！除了香料豆和粉状香料的使用方法以外，没有其他特别的规则。根据食材的不同，使用的香料组合也会不一样，但也没有特定的规则，基本上都是被个人喜好所左右。不光是调味，有时也需要根据身体状况来选择。例如感冒的时候，多放花椒籽等香料，这在印度医学中是有据可循的。各种香料的使用请参考本书第148～149页。

奈尔善己◆印度料理店"Nair Restaurant"第三代传人。在厨师学校学习的同时，在当地的餐厅磨炼手艺。厨艺日益精进，追求简单易做的料理方式，备受食客好评。活跃于各大电视节目及杂志。合理的菜谱，极其精简，通常读者一眼就能看懂。

本书使用方法

为做出正宗的美味，在此介绍本书中菜谱的使用方法。

关于材料表

- 使用市场上卖的白汤或鸡汤时，请注意调整盐的分量。
- 1杯通常指的是200ml，大汤匙1勺通常指的是15ml，小汤匙1勺通常指的是5ml。

- 可代用的食材和做菜前需要准备的东西会有补充说明。
- 胡椒未做特殊说明时，指的是白胡椒。使用黑胡椒的话，会做标记。

关于做法

- 菜谱中标黄部分为需要注意的关键。按照此步骤，可做出美味的料理。
- 蔬菜去皮的部分，本书已省去。无特别说明时，请去皮。
- 锅及炉灶有各自的特性和特征。请边看状态边调整火力及加热时间。

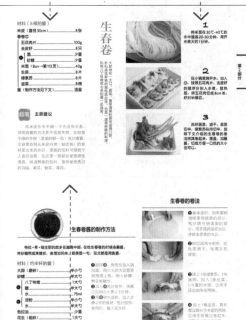

料理的装盘

- 上图是做好的料理的装盘示例。与材料表的分量会有所不同。
- 盛放热食时，请注意事先将器皿温热。

此标记指的是该料理的所属种类。另外，"主厨建议"的内容，是各位主厨想特别强调的。在这里，我们将主厨们做料理时的关键点和意思传达给读者。向读者作了详细说明。了解了更高层次的重要事项，做菜的水平一定可以有所提升。

完全掌握

东南亚咖喱

天气炎热的时候，令人不可思议的是很多人竟然都很想吃咖喱。
香料超多、味道超香、口感清爽的亚洲咖喱会让你一点点地流汗，
最终变得精神焕发。
从最初的印度咖喱到蔬菜超多的泰国咖喱，再到清淡的越南咖喱，
本章将为您介绍变化多端、种类繁多的亚洲咖喱。

第 1 部分

印度咖喱

1

将鸡腿肉切为两半。洋葱切碎，番茄切块，青尖椒切小段。

2

锅里倒入色拉油，油热后加入香料豆。如图所示，白蔻豆会"噗"地胀开，用中火翻炒。

3

加入步骤1中的洋葱、青尖椒和生姜。如图所示，用中火稍大的火力翻炒10～15分钟，直至洋葱变为深色。

4

加入步骤1中的番茄，边碾压边炒，直至水分消失，变成糊状。

5

减小火力，加入香料粉和1小勺盐，注意不要将粉状香料炒成球。翻炒20～30分钟，直至香味出来。

6

加入步骤1中的鸡肉、水、椰奶，改大火，煮开。改小火，盖上锅盖。注意搅拌，煮15分钟左右。加适量盐提味。

咖喱鸡

印度咖喱中最经典的。大胆地切为两半的鸡腿，稍稍煮一会儿就可以入味。辣的同时，还能尝到醇厚的椰奶余香，让人上瘾。还可以再来一碗番红花米饭。

材料（4人份）

鸡腿带骨肉[1]	400g（2只）
洋葱	300g（1个半）
番茄	200g（1个）
青尖椒[2]	2只
大蒜（切碎）	1小勺
生姜（切碎）	1小勺
香料豆	
白豆蔻	5粒
丁香粒	5粒
香料粉	
辣椒粉	1大勺
芫荽	1大勺
姜黄	半小勺
卡宴辣椒	半小勺
盐	适量
水	1杯半
椰奶	1杯
色拉油	3大勺

※1 也可用 400g 鸡腿肉代替。
※2 可用青圆椒代替。

印度 主厨建议

在印度，市面上所卖的鸡肉基本都是带骨的。印度没有加"汁"或"汤"的想法，只会加水。带骨肉的鲜味会很好地被煮出来。关键点是香料的翻炒情况。在最开始添加香料豆，而在中途添加香料粉。充分翻炒之后，才会唤醒其本身的香气。至于锅，比起炖汤用的厚底锅，更推荐你使用更容易透热的薄底氟化乙烯树脂材质加工过的锅。上述分量，大概需要用直径18cm的锅具。

奈尔主厨
教教你

香料有粒状的"香料粒"和粉状的"香料粉"，两者皆需用油翻炒后才能发挥出香料的功效。粒状香料用油翻炒，一开始会将香气转移到油里，然后用其香油来炒所有的食材。而粉状香料会因储存等因素导致其变糊或变苦。在中途的时候加进去，好好翻炒，这样才能把香气炒出来。

其香气

香料需要经过"翻炒"来唤醒

印度咖喱的核心就是"翻炒"

当我们采访时，奈尔顺口说了一句："印度料理不是煮出来的，是炒出来的。"确实和欧式咖喱不一样，印度料理煮的时间极短，可以说就是炒出来的。在做料理的过程中，奈尔也多次说"这个时候要充分翻炒"，原来这就是印度料理美味的核心。并且，关键是究竟要如何炒。我们请教了两种你绝对能掌握的炒法。

香料粒　从一开始就将香气转移到油中，制作香料的"精油"。

辣椒籽	白豆蔻	孜然籽

盖上锅盖，"啪啪"炸开的声音停止后就可以了。	"噗"地一下子胀开，就可以了。	周围"嘟嘟"起泡沫时，就可以了。

香料粉　中途加入的话，可以消除苦涩，多重组合可做出多种味道。

不好炒的时候可以加少量水，充分搅拌。香料粉若是搅拌充分，会有坨在一起的整体感。

因为香料粉完全没有水分，翻炒的时候容易成球、炒焦，所以一定要小火翻炒。

蔬菜要经过『翻炒』才能凝缩美味 2

不使用汤底的印度咖喱,其美味的来源是番茄和洋葱。充分翻炒直至没有水分,浓缩味道,提取鲜甜。此鲜甜可增加味道的醇厚。用中火炒洋葱,直至其颜色变成深色。最终炒到"咦?洋葱去哪儿了"这种程度。要是一直没有变成深色,也不要担心,加强火力吧。番茄也是,一边碾压一边炒,直至其变成糊状。

请记住以下内容!

印度料理,决定味道的是"盐"

印度料理,调味大部分靠盐。加盐之后直至入味需要很长时间,所以在加香料的时候一起放进去。最后再尝味的时候,如果总感觉"没有入味啊",不要犹豫,再加点盐,味道就会出来。奈尔为使味道不出现偏差,使用的是容易计量的精制盐。

洋葱

炒至还未成茶色的深褐色。

一般经过充分翻炒,至图片颜色即可。奈尔主厨称之为"狸猫色"(深褐色)。就和豆类咖喱(→第32页)一样,上色的时候,快接近深褐色时结束翻炒。

番茄

边碾压边翻炒至糊状。

一开始,碾压切成块的番茄,煸炒至沥干水分。重要的是,要翻炒到没有形状、稠稠的糊状。要是残留过多水分的话,会入不了味。

聚味的"煮一会儿"

加入某些食材之后要再炒一会儿或煮一下,使整体的味道融合。这样的话,单个食材的味道就可以融为一体,就可以聚味。不需要煮很长时间。请记住,只要煮一会儿就行。

加一种食材 咖喱有多味

不使用汁、汤底的印度咖喱,根据咖喱的不同选择不同的食材来搭配,就可以做出不同的味道。

椰奶	浓缩清汤	腰果	酒醋	大蒜
+	+	+	+	+

咖喱鸡	菠菜咖喱	肉末咖喱	猪肉酸咖喱	绿豆咖喱

肉末咖喱

十足的牛肉味，加入腰果糊，醇香四溢。

材料（4人份）

牛肉末...350g
洋葱.............................300g（1个半）
番茄.............................200g（1个）
青尖椒[※1]...3根
大蒜（切碎）.............................2小勺
生姜（切碎）.............................1小勺
青豆（水煮）.............................2罐（100g）
原味酸奶.............................2大勺
腰果[※2]...20g
牛奶...2.75大勺

香料豆
白豆蔻...5粒
丁香豆...5粒
肉桂...1根

香料粉
芫荽...1大勺
格拉姆马萨拉.............................1小勺
豆蔻粉...1小勺
姜黄...1小勺半
卡宴胡椒...1小勺半
盐...适量
水...1杯
色拉油...3大勺

※1 可用青圆椒代替。
※2 因为要煮，用食盐上味即可。

印度 主厨建议

牛肉末加热的话，会有独特的香味。为了使其更加甘甜，可搭之以合适的香料，可使用白豆蔻和白豆蔻粉。白豆蔻可以提香，白豆蔻粉可以提味。提取此咖喱深层美味的核心是腰果。在印度，腰果经常作为咖喱的秘料来使用。腰果一经烹煮就会变软，可用搅拌机搅成糊状来使用。

1
将洋葱、青尖椒切碎，番茄切块。

2
充分搅拌原味酸奶直至顺滑。

3
腰果煮2~3分钟使其变软，盛出来之后倒入牛奶，用搅拌器搅拌至顺滑糊状。

4
倒色拉油入锅加温，加入香料，中火翻炒，直至如图所示，白豆蔻"噗"地胀开。

5
加入步骤1中的洋葱、青尖椒、大蒜、生姜，开中火，炒至上色。加入步骤1中的番茄、步骤2中的酸奶，炒至水分消失。

6
减小火力，加入步骤3中的腰果糊、香料粉、1小勺盐，炒至食材变黏，如图所示。

7
加入牛肉末，中火轻轻翻炒，直至上色。

8
加入水和青豆，改大火至沸腾。盖上锅盖，改小火，注意翻搅，煮10分钟左右，加盐调味。

材料（4人份）

猪里脊肉	400g

腌泡汁

大蒜（蒜末）	2小勺
生姜（姜末）	2小勺

香料

芥子	小半勺

香料粉

芫荽	1大勺
辣椒粉	2小勺
卡宴胡椒	1小勺半
黑胡椒	1小勺半
姜黄	小半勺
白葡萄酒醋	3大勺
米醋	2大勺
椰奶粉	2大勺
盐	1小勺半
砂糖	1小勺

洋葱	300g（1个半）
番茄	200g（1个）

香料

白豆蔻	5粒
丁香豆	5粒
桂皮	2块
水	2杯
色拉油	3大勺
盐	适量

印度　　主厨建议

虽然材料看起来很多，但只要腌泡汁做好了，之后就会意想不到地简单。在印度咖喱中，烹煮是少见的。其原型是一种葡萄牙料理。特征之一就是多使用葡萄酒醋。我所使用的是可增加醇厚口感的米醋。加热的话，酸味可增加其鲜味，味道很有层次。

酸味猪肉咖喱

吃一口，就会为其酸辣而陶醉！不断地想去确认其味道而停不下来。腌制之后再加以烹煮的猪肉，肉质柔软、鲜嫩，酸辣的口感刺激着你的味蕾。

1
切一大块猪肩里脊肉。在大碗里调制腌泡汁，加入猪肉，搅拌均匀，用保鲜膜封好，放入冰箱，腌泡1小时。前一天放入冰箱亦可。

2
将洋葱切碎，番茄切块。

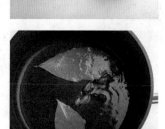

3
倒色拉油入锅加温，用中火炒香料。白豆蔻胀开后，加入步骤2中的洋葱，翻炒，直至微微上色。

4
加入步骤2中的番茄，煸炒至水分消失，变成糊状，倒入步骤1中的猪肉和腌泡汁，微微翻炒。

5
加水，改大火煮一会儿，沸腾后加盖子，改小火，注意搅拌，煮40分钟。加盐调味。

菠菜咖喱

绿色的菠菜咖喱是鲜艳的北印度咖喱。菠菜的甘甜和隐约的鲜奶油香，却不抵切丝的生姜香，辣辣的很尖锐。

材料（4人份）

鸡腿肉	400g
洋葱	300g（1个半）
番茄	200g（1个）
大蒜	1片
生姜	2片
菠菜	1把
香料	
小茴香籽	1小勺
香料粉	
芫荽粉	2小勺
姜黄	小半勺
卡宴胡椒粉	1/3小勺
盐	适量
水	1杯
清汤（块）	1个（5.3g）
鲜奶油	1大勺
色拉油	3大勺

印度　**主厨建议**

要想将菠菜做成顺滑的糊状，需注意的是，煮完后不要将水沥干。在搅拌器里搅拌受阻时，请加入适量的水。要想做出来的料理颜色保持鲜艳，请注意翻炒洋葱的时间不要过长，以免其变成茶色。另外，菠菜一经加热容易变色，所以建议在最后加入，稍微搅拌一下即可。

1
鸡腿肉去皮，切大块。将洋葱、大蒜切碎，番茄切，生姜1片切碎。其余切丝。

5
加入步骤1中的番茄，边按压边炒。炒至水分消失，变成糊状，减小火力。加入1小勺香料粉和盐，炒20～30秒。

2
锅里加水煮沸，加少许盐。菠菜茎部稍微烫一下，盛出后放凉。切除茎干部分后，切段，用搅拌器搅成糊状。

6
加入步骤1中的鸡肉，改中火翻炒，至鸡肉表面变白，加入水和清汤块。

3
倒色拉油入锅加热，中火翻炒小茴香籽。如图所示，小茴香籽起泡后停止翻炒。

7
大火煮沸后，盖上锅盖，改小火煮10分钟左右。

4
加入步骤1中的洋葱、大蒜、切碎的生姜，开中火，炒至如图所示的烧烤色。

8
加入步骤2中的食材和鲜奶油，大火煮一会儿，并搅拌至颜色均一，加盐调味。装盘后加入步骤1中的切丝生姜。

材料（4人份）

花菜	300g
四季豆荚	1把
胡萝卜	1根
香料	
小茴香籽	1小勺
糊状调料	
青尖椒※（切碎）	2根
大蒜（磨碎）	半小勺
生姜（磨碎）	1小勺
水	少许
香料粉	
芫荽粉	2小勺
三味辛香料	1小勺
姜黄	1/3小勺
卡宴胡椒	1/4小勺
Ⓐ 牛奶	2杯
玉米淀粉	1小勺
盐	适量
色拉油	3大勺
盐	适量

※ 可用青圆椒代替

印度　主厨建议

此款咖喱和典型的印度咖喱做法稍有不同。一般的咖喱是充分翻炒洋葱和番茄，而此料理不使用洋葱和番茄。因此，事先将香料粉和大蒜、生姜搅拌在一起加进去。印度料理是没有浪费的。糊状调料加水的话会搅拌得更好，所以用油炒的时候，请注意不要被油烫到。蔬菜是季节性食品，可根据个人喜好自行组合。

蔬菜咖喱

不使用洋葱或土豆，而是使用牛奶或生奶油煮成的咖喱，口感醇厚，以至于会让人产生疑问：这是印度料理吗？加上蔬菜的甘甜，口感柔和。

1
将花菜分成一个个的小颗。四季豆荚切成3等分的段，胡萝卜纵向4等分，切4cm长。

2
在碗里放入糊状调料，充分搅拌，注意不要使其变成球状。

3
倒油入锅加温，中火翻炒小茴香籽，起泡后加入步骤2中的糊状调料，充分翻炒直至水分消失。会有油溅出来，可在开始时盖锅盖。

4
加入步骤1中的胡萝卜翻炒，盖上锅盖，注意摇一摇锅，小火焖炒3分钟。加入剩余蔬菜，同样焖炒，约7分钟即可。

5
在碗里加入Ⓐ，搅拌，加入步骤4中的食材，搅拌均匀。大火煮沸后改小火，盖锅盖，煮10分钟，注意不要溢出来。加盐调味。

材料（4人份）

绿豆（去皮，切割，干燥）	200g
水	1L
洋葱	半个
番茄	半个
大蒜（切碎）	1小勺
生姜（切碎）	1小勺
香料	
芥子	半小勺
小茴香籽	半小勺
红尖椒	3根
香料粉	
姜黄（绿豆用）	1小勺
芫荽	1大勺
茴香	1小勺
色拉油	3大勺
盐	适量

 印度　主厨建议

豆类咖喱是印度的国民料理。便宜、营养价值高、味道醇正。即使不加肉，味道也很丰富。我经常会想，豆类真是狡猾啊！豆类咖喱可挑选个人喜欢的豆类和香料来做。这里所选用的绿豆，经过去皮和切割，很容易煮熟，所以推荐此种绿豆。想要做出漂亮的黄色的话，请注意洋葱不要过分翻炒，以免上浓色。

豆类咖喱

煮得胖胖的豆子很醇香。又因香料用得比较少，所以很受大人、小孩的喜欢。豆类咖喱是印度家庭料理的典型代表。

1
稍微洗一下绿豆，与同等分量的水一起入锅，大火烧，去除涩味。加入芫荽，改小火，边搅拌边煮约45分钟。汤汁减少时可加水。

2
将洋葱切碎，番茄切块。

3
倒油入锅加温，放入香料，盖上锅盖。等到芥子停止"啪啪"炸开时，加入步骤2中的洋葱、大蒜、生姜，开中火翻炒。

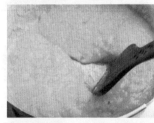

4
稍微上色后，加入步骤2中的番茄，炒至糊状，减小火力，加入1小勺剩余的香料粉。炒20～30秒，至香味出来。

5
将步骤1中的绿豆煮至还剩点粒状，变成稠稠的、煮好的状态。

6
将步骤4中的食材加入步骤5中的食材中，大火煮开后改小火煮1～2分钟，注意搅拌。若是不能很好地搅拌，可加少量水。最后用盐调味。

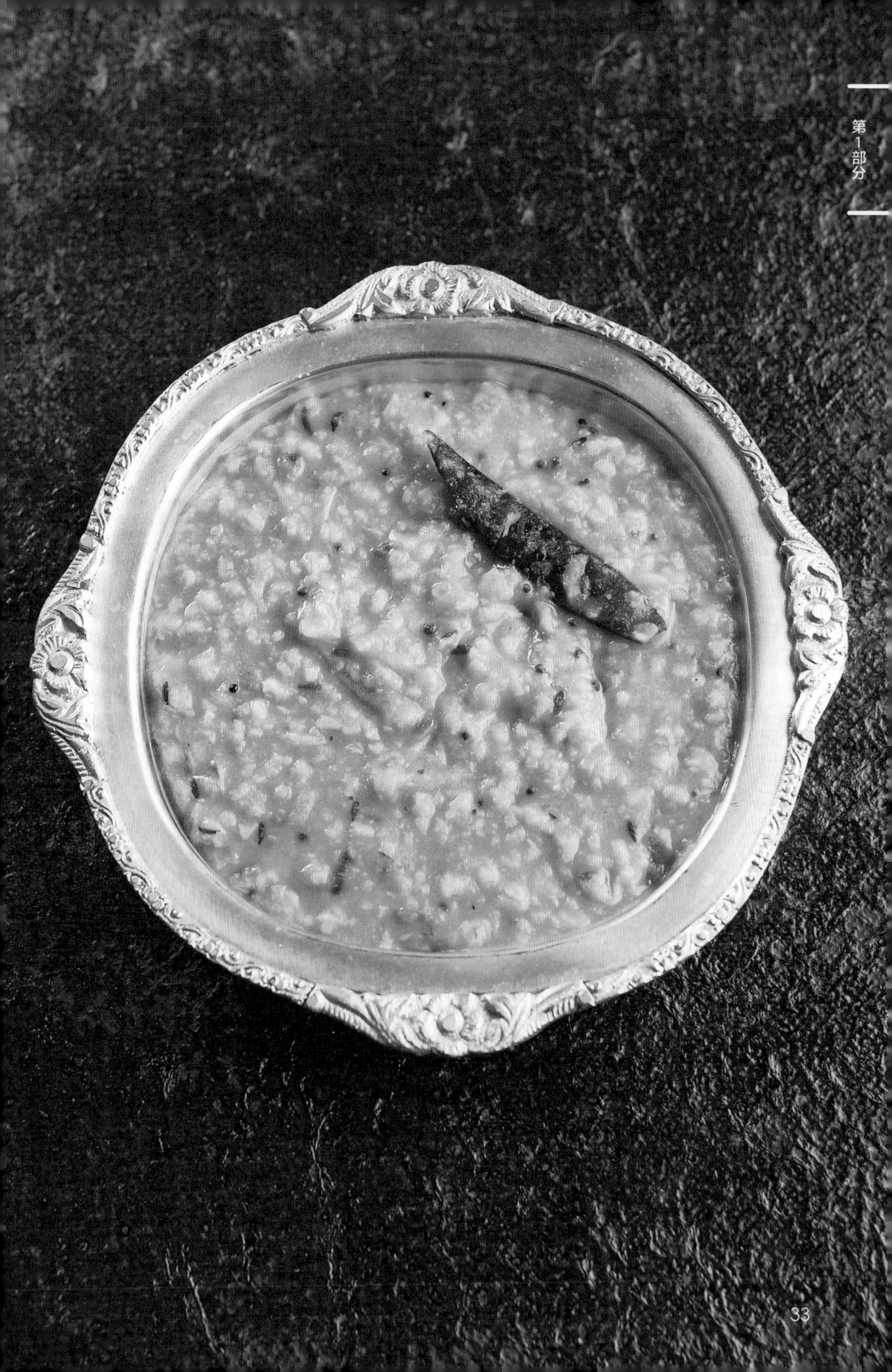

奈尔主厨
教教你

配印度咖喱的话，

南印度是米，北印度是面

南 与米饭瞬间融合的汤状咖喱是主流

巴斯马蒂香米

鸡肉咖喱

北 用面饼易蘸的稠状咖喱是主流

印度飞饼

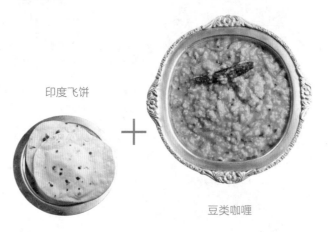

豆类咖喱

印度的必点料理？！南印度的Meals，北印度的Thali

在印度餐厅，各种咖喱或酸奶都会加上米饭或者面饼，成为了固定的套餐组合。圆形的不锈钢盆子里会放上一圈小的器皿，中间放上面饼或米饭。这在南印度被称为"Meals"，基本上是搭配米饭；在北印度的话则被称为"Thali"，一般会搭配面饼。奈尔告诉我们："和自己喜欢的咖喱搅在一起吃是最美味的。"下图是Meals的照片，是奈尔在当地拍摄的。

　　搭配印度咖喱，选择米饭还是面饼？答案是两者都对。印度大致可分为北方和南方，在培育小麦的北方，一般都会用稍微有点稠的咖喱取代汤状咖喱，来搭配面饼。与之相对的，生长大米的南方，与米饭瞬间融合的汤状咖喱是主流。印度的面饼不加砂糖和蜂蜜，也不经发酵，这是基础。面饼的做法是欧洲、中东等地传过来的，用圆筒炉（见72页）的余热来烧烤。"要做出正宗的面饼，对于一般家庭来说还是有点难度的。我会教大家更加简便并且搭配咖喱更加好吃的面饼的做法。"

巴斯马蒂香米

理想搭配
南方咖喱的

印度的米是一种细长且黏度较低的长粒米。其中，巴斯马蒂香米可以称得上是香味最浓郁的高级米。糖分较少，粒粒分明，即使吃很多，肚子也不会感到很胀。我喜欢稍微硬一点的口感，这样和咖喱更搭。在一些特殊的日子，请尽情享用番红花或孜然等做出来的印度米饭吧。

材料（4人份）

巴斯马蒂香米 300g
香料豆
| 豆蔻 3粒
| 丁香 3粒
| 肉桂 1根
水 ....2～2.5L

❶ 注意不要弄断巴斯马蒂香米，轻轻洗，将水倒掉。

❷ 在大锅里加入洗好的巴斯马蒂香米、相应分量的水、香料，开大火。水煮开后，改小火，盖锅盖，煮12～13分钟。偶尔搅拌一下，水分不足时加汤。

❸ 米变软后，盛出，去除多余水分。再次倒入锅中，搅拌，盖上盖子蒸5分钟左右。

粒粒分明的巴斯马蒂香米最适合做炒饭。配上让你食欲大增的孜然，香气四溢。

孜然米饭

材料（2人份）

巴斯马蒂香米（煮好的→第35页）.........150g	香菜（切碎）..1棵

孜然粒..1小勺
盐...¼小勺
色拉油..2大勺

❶ 平底锅中加色拉油预热，中火炒孜然粒，直至起泡。
❷ 加入香菜翻炒，加入巴斯马蒂香米饭和盐翻炒。

还想吃得更美味！

孜然和香菜都比较清爽，因此加入肉类咖喱特别合适。因为炒饭已经是有味道的了，所以就这么吃，或者加入酸奶沙拉（→第69页）搅拌着吃也可以。

想和南印度的咖喱更搭

即使是在印度，番红花也是高级香料。

它比其他香料更胜一筹，可以令人同时享受香味和鲜艳的颜色。

番红花饭

材料（4人份）

巴斯马蒂香米...300g
香料
⎰ 肉桂..1根
⎱ 番红花※...1撮
水..2～2.5L

※ 番红花的雌蕊。如果是要放入1g的食物里，1/3的量就足够了。

❶ 巴斯马蒂香米和第35页一样清洗。
❷ 锅里加入清洗好的巴斯马蒂香米、水、香料，加强火。
❸ 用和第35页步骤❷～❸同样的方法煮。

不仅仅是以面食为主的北部，印度全国最经常吃的也是这款面饼。全麦面清淡的面饼，不使用蜂蜜或砂糖。特征是在平底锅上稍微加热过之后，直接在火上烤，一下子就能膨胀开来。甚至有一个说法：看你会不会做印度料理，就看你能不能烤得一手好饼。对于印度人来说，面饼不可或缺。刚烤出来的时候最好吃，稍微放一会儿的话，就抹点黄油吧。本章第96页会介绍具体的食用方法。

材料（20张份）

全麦粉..400g
盐..2撮
水..1杯多
磨刀粉（全麦粉）..................................适量

❶ 在碗里加入全麦粉和盐，搅拌。在中间挖一个坑。在坑里加入所有的水，将周围的面粉盖上水，尽量搅拌均匀。

印度飞饼

搭配北印度咖喱的面饼

❷ 碗上不再粘有面粉时，用手腕按压。不断使其旋转90°，揉压。太硬无法按压时，可加少许水。

❸ 面粉都团成面团后，拿到桌子上。用手腕一边按压一边使其延伸，团成和步骤❷中一样再不断旋转90°揉压。

❹ 揉压大约10分钟，直到往下按到一半时，能弹回来。用保鲜膜包好，在温暖的地方放置30分钟。

❺ 在桌子上撒上大量磨刀粉。将步骤❹中的面团分成2等份，做成棒状，再切成10等份。

❻ 团成团子状，放在手掌心按平之后，用擀面杖将其擀成直径约14cm，厚度约3mm的面皮。

❼ 稍微加热平底锅，摊上步骤❻中擀好的面皮，用中火烤。稍稍烤成金黄色后，烤反面。一面烤大约30秒。

❽ 立刻放到火上烤，使其膨胀。

泰国咖喱

材料（2人份）

鸡腿肉（去皮）......................200g
茄子 ....100g（约1根半）
嫩四季豆 4根
红尖椒 1根
椰奶 ....1罐（400g）
绿咖喱酱 50g
甜罗勒※ 1枝
青柠叶 3张

Ⓐ ┌ 鱼酱 1⅓大勺
　 └ 冰糖 1⅓大勺
色拉油 2大勺

※ 甜罗勒产于泰国。冷冻物解冻后，沥干水使用。

泰国　主厨建议

做绿咖喱最大的要点就是要充分翻炒咖喱酱。通过翻炒才能将绿咖喱的辛香魅力展现出来。椰奶一次性全部加入的话，会比较难以搅拌，所以分3次加入。第一次加的时候，可少量，之后再加便可搅拌顺畅。泰国咖喱不要煮，材料稍微过一下火，烫一下就好。煮的话椰奶会化开，蔬菜的水分也会出来，导致咖喱变稀。在泰国，也会食用代替米饭的米面。

绿咖喱

清爽的辣味，是泰国咖喱的代名词。因辛辣而出名，其料理名是绿色、甘甜的意思。请感受辣椒辛辣深处的甘甜。

1
将鸡腿肉切大块。用切丝的削皮刀削茄子皮，雕花纹（→第151页），任意对半切嫩四季豆，红尖椒斜切。

2
色拉油入锅加热，倒入绿咖喱酱，用中火翻炒，注意不要炒焦。油入咖喱后，出颜色则停止翻炒。大概就是香味出来后的2～3分钟。

3
加入步骤1中的鸡肉，和咖喱酱一起充分翻炒直至入味。

4
将椰奶搅拌均匀，分三次加入步骤3中的食材，使其融入进去，中火加热使其沸腾。一开始加少量。请注意，过分沸腾会化掉。

5
加入步骤1中的茄子、嫩四季豆、红尖椒，甜罗勒拧过后再添加。

6
青柠叶去茎，撕成小片，轻轻揉搓后加入。加入Ⓐ，中火煮5分钟左右，蔬菜稍微烫下即可。

红咖喱

这款咖喱特别辣。辣味当中还有浓香，很下饭。在泰国，一般都会放竹笋。

材料（2人份）

猪肩里脊肉	100g
水煮笋	100g
嫩四季豆	1根
红尖椒	1根
椰奶	1罐（400g）
红咖喱酱	50g
甜罗勒※	1枝
青柠叶	3片
Ⓐ 鱼酱	1⅓大勺
冰糖	1⅓大勺
色拉油	2大勺

※ 甜罗勒产于泰国。冷冻物解冻后，沥干水使用。

 泰国 主厨建议

和绿咖喱一样，充分翻炒咖喱酱，辛香味就会出来。竹笋没有具体的品种。因为和红咖喱的醇香与辛辣特别搭，所以在泰国经常会在咖喱里加上竹笋。肉的话，鸡腿肉也可以。红咖喱酱除做咖喱外也经常使用。也可用于红咖喱炒猪肉（→第75页）等肉类、鱼类的炒菜中。

1 水煮笋随意切段，嫩四季豆对半切，红尖椒斜切。猪肩里脊肉切5mm长，3cm厚大小。

2 色拉油入锅加温，用中火炒红咖喱酱，注意不要炒焦。油入咖喱后，出颜色就停止翻炒。大概就是香味出来后的2～3分钟。

3 加入步骤1的猪肉，充分和咖喱酱一起翻炒，直至入味。

4 将椰奶搅拌均匀，分三次加入步骤3中的食材，使其融入进去，中火加热使其沸腾。一开始加少量。请注意，过分沸腾会化掉。

5 加入步骤1中的水煮笋、嫩四季豆、红尖椒，甜罗勒拧过后再添加。

6 青柠叶去茎，撕成小片，轻轻揉搓后加入。加入Ⓐ，中火煮5分钟左右，蔬菜稍微烫下即可。

1 土豆切块，焯水。洋葱切成牙签状。鸡腿肉切大块。

2 色拉油入锅加温，小火翻炒黄咖喱酱，注意不要炒焦。油入咖喱后，出颜色则停止翻炒。

3 加入步骤1中的鸡肉，充分和咖喱酱一起翻炒，直至入味。

4 待油凝固后，先加入椰奶，完全搅拌，剩余的椰奶分 2~3 次加入，中火加热使其沸腾。注意不要沸腾太过，会使椰奶化掉。

5 加入步骤1中的土豆、洋葱和Ⓐ，中火加热5分钟左右，蔬菜稍微煮一下即可。盛出，上面加香菜。

黄咖喱

不使用泰国的香草，使用食性相似的材料。比较稠糊，所以也可加在拉面上。

材料（2人份）

鸡腿肉（去皮）	200g
土豆	100g（1个）
洋葱	50g（¼个）
黄色咖喱酱	40g
椰奶	1罐（400g）
Ⓐ 鱼酱	1⅓大勺
冰糖	1⅓大勺
色拉油	2大勺
香菜	适量

泰国 　主厨建议

　　和其他的咖喱酱相比，此款咖喱酱较难以入油，要花点时间，所以用小火炒吧。椰奶是一次性加入的。取出一开始凝固了的油，加上去，翻炒此油直至顺滑。此后，椰奶就能很顺利地搅拌均匀。可根据个人喜好添加桌上的调味料（→第58页），会有另一番风味。在泰国也经常会和中华面一起食用（→第43页）。

泰国咖喱的**美味食用方法**

天野中、马纳托主厨教教你

掌握了怎么做好吃的泰国咖喱后，再来学习一下如何做食性相投的芳香米饭。根据咖喱的不同，除米饭外，也会搭配细米面或中华面来吃。主厨们也介绍了在泰国比较流行的食用方法。一定要好好品尝这种新的吃法。

芳香米饭的烧法

芳香米煮后会有香气。虽然产量不高，但需求量却很大。因为通常作为出口商品，所以在泰国国内也是高级品种。

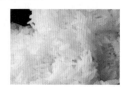

❶ 因为米很容易碎，所以请张开手指，轻轻搅拌。之后把水倒掉。

❷ 将米倒入电饭煲，并按米袋上写的量加入相应的水，打开开关。
❸ 煮沸后，大幅度搅拌，盖上盖子，蒸5分钟左右。

芳香米饭

香味浓郁的芳香米饭，粒粒分明，既可以和汤状的咖喱搭配，也可以和稠糊的咖喱一起食用。

挂面

　　清爽辛辣的绿咖喱，和清爽的挂面很搭。在泰国，柔软细长的khanom Chin是固定米面（→第113页）。

　　食用方法●将煮过的面盛入盘子中，盛上切丝的包菜、生豆芽、泰国的甜罗勒。盛入咖喱，和加了蔬菜的面一起食用。再多加一点丝状蔬菜也可以。

拉面

　　黏稠的黄咖喱经常和有弹性的中华面一起食用。

食用方法●将中华面对半分，一半水煮，一半炸得脆脆的。在碗里放入水煮面，盛上黄咖喱，将炸面和煮鸡蛋、香菜、青葱撒在上面。

方便的咖喱酱

市场上很容易买到咖喱酱。因为味道很醇正，所以可以做出好吃的咖喱食品。只是因厂家不同，其风味和辛辣程度、盐分都不尽相同。

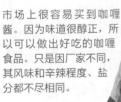

泰国炸鱼饼
（→第56页）

红咖喱炒猪肉
（→第75页）

红咖喱酱
针对的是炒菜

　　醇香、辛辣，还带有一丝甘甜的红咖喱酱，作为调味料，很适用于炒菜。无论炒什么都很好吃，鱼类、肉类，还有炒饭，用途很多。

法式越南料理

越南的饮食文化中保留了在亚洲料理中较少见的法式风格。比如法式面包。特拉·希·哈主厨教我们的料理当中有一些是"这个要用法式面包边蘸边吃"的。例如咖喱和炖牛肉。另外，还有用法式面包做成的三明治"Banh Mi"，也是早餐、午餐不可或缺的。所以在厨房堆积如山的法式面包，可以在里面夹上自己喜欢的馅料。这些料理都已经被越南化，而成了越式经典料理。三明治里一定要夹上"越南红白丝拌菜（第99页）"，炖牛肉里会放上中国的香料八角，自成一派。现在我们就来了解一下这类有点不一样的越南料理。

材料（4人份）

鸡腿带骨肉..............................400g

<table>
<tr><td rowspan="8">Ⓐ</td><td>大蒜（磨碎）</td><td>1小勺</td></tr>
<tr><td>柠檬草（粗的部分）</td><td>5cm，3根</td></tr>
<tr><td>鱼酱</td><td>1大勺</td></tr>
<tr><td>咖喱粉※</td><td>1大勺</td></tr>
<tr><td>姜汁</td><td>1小勺</td></tr>
<tr><td>姜黄</td><td>1小勺</td></tr>
<tr><td>砂糖</td><td>1小勺</td></tr>
</table>

红薯..............................300g（1个）
胡萝卜..............................300g（1个半）
洋葱（切成牙签状）..............150g（³/₄个）
水..............................4杯
椰奶..............................1杯半
盐..............................半小勺
鱼酱..............................1大勺
色拉油..............................3大勺
青葱（切小段）/红尖椒（斜切）香菜
..............................各适量
法式面包..............................适量

※ 包含了20～30种香料的混合咖喱粉。

鸡肉红薯咖喱

嚼着柠檬草食用该料理，口感清爽怡人。醇厚的辣味中掺杂着红薯的甘甜，让人心神安定。鸡肉红薯是必尝的越南咖喱，一般和法式面包一起食用。

1 将Ⓐ组材料中的柠檬草纵向切半，轻轻拍打出香味。鸡腿带骨肉切大块，放入碗中Ⓐ组材料，盖上保鲜膜，冷藏约20分钟。将红薯、胡萝卜切成1cm厚的圆形或半月形，焯水。

2 倒色拉油入平底锅，待步骤1中的红薯和胡萝卜水分沥干后，用中火煎至两面着色。接下来微炒洋葱（不要炒至口感消失），之后盛出。油若不足可适当添加。

3 在同样的平底锅里倒入步骤1中的鸡肉和腌制调料，烤皮。上色后移至煮锅。

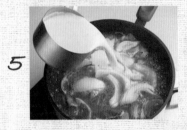

4 在步骤3中的平底锅里倒入和鸡肉分量同等的水，将平底锅上香料抹净倒入锅里，加入剩余的水，大火加热。沸腾后改中火，舀去浮沫，煮约15分钟。

5 加入步骤2中的红薯和胡萝卜，煮5分钟。加入步骤2中的洋葱、椰奶、盐，火力减弱至中火。沸腾后加鱼酱调味，装盘后撒上青葱、红尖椒和香菜，加法式面包。

咖喱的最佳搭档是心形的法式面包

在越南，一般都会搭配法式面包，浸在咖喱里食用。特拉·希·哈主厨的极其宝贵的意见是，将法式面包从底部中央部分按压，保持一会儿再切开，就能做成心形。聚会的时候可以参考这种做法。

炖牛肉

和平常的牛肉有几分相似，散发着亚洲美食的香味。

材料（4人份）

牛腿里脊肉	400g
萝卜	150g
胡萝卜	150g

A
盐	1小勺
粗制黑胡椒	少量
咖喱粉	半小勺
肉桂（粉）	半小勺
辣椒粉	半小勺
大蒜（切碎）	1小勺
柠檬草（粗的部分。轻轻拍打）	10cm，4根
鱼酱	1大勺
辣油	1大勺
番茄酱	1大勺

B
肉汤（固体）	1个（5g）
水	3½杯

C
砂糖	1小勺
鱼酱	1小勺
盐	半小勺
粗黑胡椒	半小勺

色拉油	1大勺
香菜·青葱（切小段）	各适量

❶ 将牛腿肉切大块，加入**A**，搅拌均匀，盖上保鲜膜，放入冰箱冷藏30分钟。

❷ 切萝卜和胡萝卜，大约2cm厚，使用装饰切法（→第151页）。

❸ 倒油入锅加热，将步骤❶中的牛腿肉炒至表面变色，加入**B**。沸腾后，舀去浮沫，中火煮20分钟后，再用小火炖30分钟。

❹ 加入步骤❷中的萝卜和胡萝卜，煮大约8分钟，加入**C**，再煮大约5分钟。盛入碗中，上面加香菜和青葱。

法式风味的越南料理

越南三明治

在法式面包里夹上自己喜欢的食材。越南的话，一定会夹上腌制的红白丝。

材料（1人份）

法式面包	12cm
黄油	适量
火腿、生菜、黄瓜、红尖椒、香菜、越式红白丝（→第99页）	各适量

❶ 黄瓜斜切薄片，红尖椒斜切，约7mm宽。

❷ 从侧面切开法式面包，在断面上涂上黄油，夹入所有的食材。

下酒小菜

小吃·沙拉·肉菜

泰国、越南和印度的料理，使用简单的食材，却能恰如其分地发挥香料的刺激、香草的香味和鱼酱的鲜香，再配以啤酒或是白米饭，会让你不断地想要再吃一点。大量使用新鲜的蔬菜和香草，对身体很健康，可以让人变得精神的料理数不胜数。

第 2 部 分

小吃

材料（8根的量）

米皮（直径30cm）................8张	
春卷芯	
五花肉片................100g	
去皮虾................8只	
Ⓐ｛酒................少量	
砂糖................少量	
米面（Bun→第113页）................40g	
生菜................8片	
绿紫苏................8片	
韭菜................8根	
酱（制作方法见下文）................适量	

越南 主厨建议

　将米皮在水中涮一下也没有关系，但用喷雾的方法更不容易失败。在容易干燥的外侧（滑滑的那一面）充分喷雾，注意要控制从米皮内侧（糙皮侧）的食材里出来的水分。里面的馅料可根据个人喜好选取。在店里一般都会使用颜色漂亮、味道鲜美的馅料。推荐使用煮过的乌贼、黄瓜、香菜、薄荷。

生春卷

大胆地咬一大口，蔬菜、香草清爽的香味溢满口腔。虾和蔬菜鲜艳的颜色透出来，也是一道很养眼的料理。和用八丁味噌做出来的酱一起品尝。

1
将米面在30℃～40℃的水中浸泡20～30分钟，用开水煮大约1分钟。

2
在小锅里烧开水，加入Ⓐ，按照五花肉片、去皮虾的顺序分别入水煮。散热后，将五花肉切成8cm长，虾对半横切。

3
洗好蔬菜，滤干。韭菜切半，绿紫苏纵向切半。按照下文介绍的生春卷的卷法将其卷起来，摆盘，加蘸酱。切成方便一口吃的大小也可以。

生春卷酱的制作方法

　特拉·希·哈主厨的故乡在越南中部，在吃生春卷的时候会蘸酱。将砂糖熬成焦糖状，会增加风味。顺便提一句，在北部是用鱼酱。

材料（约半杯的量）

大蒜（磨碎）................半小勺	
砂糖................半大勺	
Ⓐ｛八丁味噌................1大勺	
醋................半大勺	
水................75ml	
Ⓑ｛淀粉................半小勺	
水................半大勺	
色拉油................少量	
花生（粗碎）................1大勺	

❶搅拌Ⓐ。倒色拉油入锅加温，用小火炒大蒜直至其微微上色，倒入砂糖，熬至焦糖状。
❷加入Ⓐ充分搅拌，沸腾之后用小火煮2～3分钟。
❸用Ⓑ做水淀粉，加入步骤2中的食材，充分搅拌。食用时，撒上花生碎。

保存:可在冰箱里保存1周

生春卷的卷法

❶卷米皮时，用喷雾稍微喷里侧糙面的部分，充分喷外侧滑面的部分。用手使其吸收水分，并拭去多余的水分。

❷将切成两半的虾，红色面朝下，如图左右摆放。

❸摆上1张绿紫苏，1块猪肉。加入1张生菜，1/8量的米面，边用手压边拍米皮两侧。

❹加上1根韭菜，其长度应略长于米皮的两端，边用手按着边卷起来。修整多出部分的韭菜。

材料（12根的量）

米皮（直径22cm）.............................12张
春卷芯
　　猪肉末..120g
　　去皮虾...120g
　　绿豆粉丝（干燥）........................10g
　　木耳（干燥）...............................10g
　　大蒜..1片
　　小洋葱※1..1个
　　Ⓐ　鱼酱.............................1小勺
　　　　砂糖.............................1小勺
　　　　盐·粗黑胡椒粉.........各少量
酱（制作方法见下文）...................适量
油※2...适量
装盘配菜：莴苣·香菜...............各适量

※1 可用青葱靠近白色的部分代替。
※2 只需可翻转炸的量。

1
将绿豆粉丝稍微焯一下水，切成3cm长；木耳也焯一下水，切成5cm的宽度；大蒜和小洋葱切碎；去掉虾背的虾线，用菜刀将其切细。

2
在碗中放入猪肉末，倒入步骤1中的食材和Ⓐ组调味料，用手搅拌直至变黏稠，做成馅，分成12等份，做成约10cm长的棒状。

3
卷米皮的时候，在米皮的内侧糙面多喷些水，外侧滑面少喷一些。用手整体拭一下，去除多余的水分。

4
在米皮中心稍靠边缘的位置，如图所示，放两个馅，将米皮盖住半分馅，拍打使其对齐，再从边缘包卷。

5
将米皮的左右两端向内侧折叠，沿边包卷。

6
将油加热至170℃，将步骤5中的折缝处朝下放入，炸约5分钟，中途边翻转边炸。炸至金黄色捞出，晾干，盛入盘中，摆盘，加酱。

炸春卷

刚炸好的米皮薄薄的，是脆脆的口感。吸收了猪肉和虾仁鲜香的粉丝，味道更上一层楼。这时候，一定要推荐您搭配越南啤酒！

越南 主厨建议

虽然生春卷很有名，但实际上在越南，炸春卷更受人们的欢迎。在北部，通常会包得长长的，然后切开装盘；在南部，通常是做成差不多一口就能吃掉的大小。这次做的春卷大小正好在两者之间。因为要防止在炸的时候油溅出来，所以在外侧少量喷水即可。和包生春卷的时候相反。包好的时间越长，水分就会越多，所以尽快炸吧。

炸春卷酱的制作方法

就这样吃也很美味，但是蘸上稍辣的甜醋，
配上酒和米饭会更香。

将所有的材料混在一起。
保存：可在冰箱里保存1周

材料（约85ml）

砂糖 ....$1\frac{1}{2}$大勺
鱼酱 ....$1\frac{1}{2}$大勺
醋 1大勺
水 1大勺
柠檬汁 ....半大勺
大蒜（磨碎）................$\frac{1}{4}$小勺
豆瓣酱 ....$\frac{1}{4}$小勺

越南铁板烧

材料（直径24cm的米皮1张）

米皮原料

蛋糕面粉	10g
强力面粉	30g
椰奶粉	1大勺
水	³/₄杯
姜黄	¹/₂小勺
砂糖	1撮
五花肉薄片	40g
去皮虾	40g
洋葱	50g（¹/₄个）
豆芽	60g
青葱	1根
色拉油	2大勺

酱（约¹/₂杯分量）

鱼酱	1大勺半
砂糖	1大勺半
醋	1大勺
柠檬汁	半大勺
水	3大勺
大蒜（磨碎）	¹/₄片
红尖椒（切小份）	¹/₄根

酱配料：

生菜·黄瓜（斜切）·绿紫苏·大蒜（装饰切法→第151页）·香菜·越南拌菜（→第99页）

......................................各适量

面底又脆又软，猪肉、鲜虾、蔬菜等一应俱全。和充足的蔬菜、香菜一起食用。其营养均衡，所以这一盘就足够了。

越南 主厨建议

　　因为我喜欢表面酥脆，里面软软的面底，所以我会一起使用蛋糕面粉和强力面粉。再加上少许的椰奶粉，风味会更加醇厚。还有，面底的黄色不是鸡蛋的颜色，而是姜黄的颜色！以前在大家都不太熟悉越南料理的时候，很多人都将其错认为煎蛋。也有些店铺在做这道料理时用的是鸡蛋。

1　将洋葱切成1cm宽。青葱切小段。去除豆芽的毛根。将五花肉薄片切成3cm长。去掉虾线，拭去水分。

2　将两种面粉和椰奶粉混合，用打蛋器充分搅拌，加入姜黄和砂糖、水。在其他的碗里准备制作酱的材料。

3　倒色拉油入平底锅，大火加热，将平底锅的侧面也刷上油。倒入步骤1的青葱和步骤2的面底，转动平底锅，使面底铺开。

4　转中火，将步骤1的猪肉和洋葱放在面底上。注意不要放在之后要折叠的地方。

5　将豆芽放到面底的一半面积上，盖上盖子，蒸烤约2分钟。

6　加热至步骤1的虾变色，整体水分消失。对半折叠，盛入器皿。加上步骤2的酱。

还想吃得更美味！

包上蔬菜爽快地来一大口

　　想要一口吃到很多的食材，最重要的是要会卷。用剪刀剪成放射状，将食材均等分开，和准备好的蔬菜一起卷到生菜里，蘸上酱料，大口品尝吧！

菠菜炒肝

铁元素丰富的材料聚到一起的炒菜。因为会充分翻炒香料，即使没有去除肝的腥味也不用在意。吃下去，马上变得精气神十足。

材料（4人份）

鸡肝	300g
菠菜	1束
洋葱	100g（半个）
番茄	100g（半个）
大蒜（切丝）	2瓣
生姜（切丝）	1片
香料	
红尖椒	1根
香料粉	
┌ 芫荽	2小勺
│ 孜然	1小勺
│ 姜黄	半小勺
└ 卡宴胡椒粉	半小勺
盐	适量
色拉油	2大勺

1 烧开水，将菠菜焯水，直至菠菜的茎变柔软。稍微滤一下水，将其切段。

2 切薄洋葱，番茄切块。鸡肝多次过水清洗，切大片。

3 倒色拉油入平底锅加热，加入红尖椒，中火翻炒直至微微上色。加入大蒜、生姜和步骤2的洋葱，大火翻炒，直至轻微上色。

4 减小火，加入1小勺香料粉和盐，炒20～30秒，至香味出来。

5 加入步骤2的鸡肝，用中火翻炒5～6分钟。水要是少的话，一点点加半杯左右的水。

6 加入步骤1和步骤2的番茄，翻炒后，加盐调味。

印度 主厨建议

在印度，煮得软软的羊肉是必吃料理，但是本次使用的是比较容易得到的食材——鸡肝。没有水的话，香料不易入味，所以加点水吧。随着水分的蒸发，香料也会慢慢融入鸡肝。要掌握好火候。即使香料不齐全也没有关系。可使用1大勺咖喱粉来代替香料粉。

1 小洋葱切片，香菜切段，青葱切成约1cm长，薄荷叶切半。鸡腿肉切长约7mm的丝。

2 倒色拉油入平底锅加热，用中火炒步骤1的鸡肉直至变色。多余的水分用厨房纸拭去。

3 加❹入锅一起炒，加❸整体翻炒。

4 加入步骤1剩余的食材，大致翻炒后立刻关火，装盘，撒上花生碎。

泰国 **主厨建议**

泰语名为"lab"，有"迎来幸福"的意思，在农历正月一定会吃。原本只有一个"拍打"的意思，是将充足的香辣调料加入生牛肉，就像肉片拼盘那样吃。但考虑到卫生问题，用火加热过的料理广为流传。可能正是因此，这道料理只是一份沙拉。作为一道有温度的沙拉，请在没凉掉之前食用。

酸味鸡肉香草沙拉

带有酸味的鸡肉温沙拉。将煎过的糯米磨成粉，加入泰国特有的调味料，立刻变得芳香四溢。配菜包菜是必备搭档，不要拘束，爽快地多加点一起食用吧。

材料（2人份）

鸡腿肉（去皮）		200g
小洋葱※		25g
香菜		1棵
青葱		1根
薄荷		10片
❹	酸橙汁	$1/_3$大勺
	泰式鱼酱	$3^1/_2$小勺
	细砂糖	1小勺
❸	辣椒粉	半小勺
	糯米粉（→第59页）	$1^1/_2$小勺
色拉油		1大勺
花生（粗碎）		适量
配菜：包菜		适量

※ 可用葱头代替。

55

泰国炸鱼饼

表皮清脆、里面柔软的炸鱼饼。红咖喱酱的浓郁和辛辣，和啤酒是绝配。精心雕刻的青柠叶，清爽的余味会在口中扩散。

材料（9个份）

材料	分量
白身鱼※（切片）	250g
嫩四季豆	2根
青柠叶	2片
Ⓐ 鸡蛋	1颗
Ⓐ 红咖喱酱	20g
Ⓐ 淀粉	1大勺
Ⓐ 细砂糖	1小勺半
Ⓐ 盐	少量
冷水	²⁄₃小勺
酱 甜辣酱	2大勺
酱 黄瓜（切粗碎）	1小勺
酱 花生（粗碎）	1小勺
炸用油	适量

※ 鲛鱼、鳕鱼等。

泰国 主厨建议

要想做出松软的口感，鱼饼的柔软程度是关键。鱼饼应达到拿在手里就会碎掉的柔软程度。在手上抹点色拉油，使其顺滑，这样不产生摩擦，就不会碎了。使用搅拌器的时候，旋转加热，加进去的水一定要是冷水。

1 将嫩四季豆切小丁，将青柠叶拧成4等份，去除经脉。将制作酱的材料全部放进碗里。

2 将白身鱼切成2cm左右的丁，放入搅拌器搅成顺滑的糊状。

3 在步骤2中的食材里加步骤1中的青柠叶和Ⓐ，一直搅到顺滑，加入冷水搅拌，直至吸收，再搅拌。

4 在盘子里多抹些油。将步骤3中的食材移到碗里，加入步骤1中的嫩四季豆，用手搅拌。

5 在手里抹上和步骤4的盘子里一样的油，用大拇指和食指捏成一个圈拿鱼饼，按压出球状。放到步骤4的盘子里，共做9个。

6 将步骤5中的球状鱼饼放到手心，用手指在中间按一个坑。

7 将油加热至160℃（放入鱼饼会有细泡静静地出来），将步骤6中的鱼饼一个个沿着锅边放进锅里炸。放一次温度就会下降一些，所以注意时间差，慢慢添加。

8 为了不让鱼饼粘锅，可以用筷子轻轻拨动。鱼饼一面上色后，翻至另一面，如此反复。用漏油网盛起鱼饼，待油晾干后装盘，加入步骤1中的酱。

1 洗去皮虾，拭去水分。猪背脂切成约1cm的小块。

2 在搅拌器里加入步骤1的背脂，轻轻搅拌一下即可。加入步骤1的去皮虾和🅐，搅成糊状。

3 用抹刀将步骤2的食材抹到法式面包上，中央部分涂高，表面再涂上芝麻，放在手心按压紧实。

4 将油加温至160℃（放入面包会有细泡静静出来），将步骤3中面包抹芝麻的一面朝下轻轻放入，注意时间差，慢慢炸。

5 炸成金黄色后，用滤油网将油沥干，装盘，加上甜辣酱和苏梅酱。

苏梅酱的制作方法

甜煮梅干的酱。搭配炸春卷（→第50页）、泰国炸鱼饼（→第56页）等，可使油炸料理变得更美味。

材料（约半杯）

梅干（去核）....................50g

🅐 { 水.............................³⁄₄杯
砂糖...........................85g }

🅑 { 醋.............................1大勺
盐.............................1小撮 }

❶ 用菜刀拍扁梅干，切丝。
❷ 加火煮🅐，融化砂糖，加入步骤❶中的食材和🅑，搅拌，焖煮30分钟左右，黏稠和色泽出来后即可。

虾泥吐司

加入猪背脂的虾泥，涂在吐司面包上，炸得脆脆的，香醇美味。在泰国餐厅作为冷盘提供。满满的芝麻，更使其浓香四溢。

材料（8个份）

去皮虾...........................250g
猪背脂※.........................15g

🅐 { 蛋白.....................半个的量
淀粉.........................1大勺半
细砂糖.......................1小勺
大豆酱油.....................半小勺
盐...........................少量 }

法式面包（1cm厚，斜切）....8片
炒芝麻...........................适量
甜辣酱...........................适量
苏梅酱（制作方法见右侧）.适量
炸用油...........................适量

※ 可用五花肉脂代替。

泰国 主厨建议

将虾泥盛放在中间位置，使其垫高，看起来美观，另外将这一面向下放入锅里炸也可以很好的均衡热量。在泰国除了虾泥还会做各种食物的肉泥。在店里会使用猪肉泥，和浓郁的和芝麻一起使用。

天野中、马纳托主厨教教你

泰国料理的秘味

在餐桌上调味

餐桌调味品

　　在泰国，料理就那样直接吃，当然也很好吃，但也可以按照自己的喜好品尝，所以餐桌上一般都会常备一些调味料。基本上有甜、辣、酸、咸4种。只要用这些味道就能调制成自己喜欢的口味。也有人会在醋、盐里放辣椒，各有所好。

醋
也有店铺将切碎的辣椒泡在里面

酸

甜

细砂糖
使用好溶解的细砂糖

辣

干辣椒（辣椒粉）
超辣的红尖椒干燥之后磨成粉

咸

鱼酱
和盐水一起，可以增添鱼酱特有的风味

　　用不同的调味料可以做出不同的泰国料理。但也并不是说其味道仅仅是用调味料做出来的。想要做出正宗的味道，调味料是不可或缺的，没有就不能做出泰国料理的味道。只要加了立刻就能做成泰国料理的味道……我们请二位主厨教了我们做泰国料理的奥妙。

辣　咸 辣鱼酱

一次性增加盐分、浓香、辣味。将辣椒切大块，连籽一起蘸鱼酱，比不切就去蘸更容易出辣味。辣味可迅速转移。

材料（适量）

糯米（泰国产）..........................1杯
青柠叶................................8～10张

❶将材料放入平底锅，用锅铲来回翻炒，开大火，煎至深色。摇动平底锅。使其不容易糊。

❷散热后，取出青柠叶，用搅拌器将糯米搅成粉状。在密闭容器里可保存1个月。

虽然不是很显眼，但实际上支撑泰国味道的材料之一就是糯米粉。因为是和青柠叶一起煎炒后磨成粉状的，所以香味多少会浓一点。没有青柠叶也没关系。主要用于酸味鸡肉香草沙拉（→第55页）等料理上，干辣酱油（→第71页）等酱汁酱料上也多有使用。

少量即可提升香味
糯米粉

在沙拉里也可加上事先混合好的香草，只要拌一下即可。

清香倍增!
混合香草

在mango tree会将事先切好的青葱和白水芹混合到一起。混合起来的话，香气更浓，亦更爽口。另外，一口可以吃到两种香草。顺便说一句，香菜可根据每个人的口味来添加。白水芹是类似于三叶草的形状，味道有些像芹菜。最近超市里也开始卖了。

青葱和白水芹切成1.5～2cm的长度，以大致相等的量混合。

无论加到哪道料理里都可以的花生碎。可以加到面、米饭、沙拉、炒菜、油炸料理中，酱料里也经常使用。只要将花生放入塑料袋，用瓶子等敲碎即可。

口感和浓香兼具的味道
花生碎

1 在已经产生蒸汽的蒸盘上排上小碟子，使其充分温热。

2 做面底。混合大米面和玉米淀粉，加水，用搅拌器搅至糊状。倒入碗中，慢慢加热水，再次搅匀。

3 在步骤1中的小碟子里倒入步骤2中的食材，用大火蒸7～8分钟。

4 做葱油。在小锅里倒入色拉油，开火，直至出烟，加入青葱后立刻关火。

5 步骤3蒸好后，小心取出，在中央凹进去的地方分别放上葱油、虾肉松和炸洋葱。摆在大盘子上，加酱料。

虾肉松的做法

将味道鲜美的干虾做成易放在顶部的虾肉松。

材料（约4分之1杯的量）

干虾	20g
温水	4大勺
色拉油	2小勺
红辣椒粉（上色用）	少量

❶ 将干虾放入温水，泡软，不要倒掉汤汁。

❷ 将泡开的虾沥干，用刀切碎。

❸ 倒色拉油入小锅加热，用小火炒❷。途中分次加入汤汁，待水分消失后，继续翻炒。

❹ 加入红辣椒粉搅拌均匀，颜色拌匀后，使其充分干燥。

米布丁

软嫩弹滑，和布丁一样的口感。一道小小的、可爱的料理。味道丰富的顶部配料使其味道多变。

材料（直径3cm的小碟子，12个的份量）

底料

大米面	60g
玉米淀粉	1小勺半
水	半杯
热水	120ml
虾肉松（制作方法见右文）	1大勺

葱油

青葱（切小段）	6根的量
色拉油	2大勺
炸洋葱	适量
酱料（→第53页）	适量
越南红百丝拌菜（→第99页）	适量

 越南　主厨建议

在越南，早饭经常吃用大米面做的糕、粽子或面。其中这款布丁很受欢迎，不光是早饭，也可以当作零食、小菜和夜宵，一整天都可以吃。面底用火烧的话不会沉淀，会变成漂亮的半透明状。在小碟子和面底都处于温热状态时再去蒸。因为中间会凹下去，所以顶部放点配料吧。

绿豆肉末糕

顺滑的糕里有松软热乎的绿豆和肉末。和越南拌菜一起食用的话，又有不一样的体验。

材料
（直径6cm，12个的分量）

馅料

绿豆（去皮，干燥）※	60g
猪肉末	100g
木耳（干燥，泡开后切碎）	4g
大蒜（切碎）	1小勺
大葱（切碎）	30g
盐	少量
粗黑胡椒	少量
鱼酱	1小勺
色拉油	1大勺

面底

糯米粉	300g
淀粉	30g
盐	少量
温水	1杯半
色拉油	适量
酱料（→第53页）	适量
越南红白丝拌菜（→第99页）	适量

※ 在水里浸泡30分钟，将其泡开。

1 绿豆泡开后轻轻碾压。

2 在平底锅里倒入色拉油加热，小火炒大蒜至香味出来，加入猪肉末，炒至猪肉末分开。

3 将木耳、大葱、盐、粗黑胡椒、鱼酱加入步骤2里翻炒，在平板上摊开冷却。分12等份，做成团子状。

4 做面底。混合糯米粉、淀粉和盐，一点点地加入温水，捏着使水吸收，充分揉捏。直至面底全都团在一起，用指头按压可弹回。分12等份。

5 在掌心涂上色拉油，将步骤4中的面底揉成团子状后，按压，使其变成直径约9cm的均等圆形，在中间放上步骤3中的食材。

6 边转边用大拇指按压，将馅料包起来。包紧实，注意不要让肉汁溢出来。

7 手上沾油，将其揉成球状。

8 将闭口部位朝下，放在香蕉叶或厨房纸上，放入已有蒸汽出来的蒸盘上用大火蒸8～10分钟。装盘，加上放了拌菜的酱料。

越南 主厨建议

蒸出来的团子有漂亮的透明感的诀窍，就在于将面底充分揉捏。揉至面底顺滑，用手指按压面底可弹回。蒸的时间越长，就会越硬，重新蒸或者盖上保鲜膜放到微波炉里加热也是一样的。蒸完之后冷冻，可保存1周的时间，所以肚子饿的时候或请客的时候随时可以拿出来。

沙拉

材料（2人份）

青木瓜[※]......................150g（约¹/₄个）
五花猪肉片................................40g
去皮虾......................................40g
薄荷（只要叶子，切粗碎）
....3大片的份量

调味汁
大蒜（切碎）................................小半勺
砂糖..1小勺
鱼酱..1小勺
醋..1小勺
柠檬汁..1小勺
甜辣酱..1小勺
水..1小勺

顶部
花生（粗碎）................................半大勺
香菜・薄荷..................................各适量

※ 按照右下方的方法去皮，去除种子和瓜瓤。

越南 主厨建议

这款沙拉的口感很好，有清凉的感觉，所以和炎热的夏天很般配。在越南原本会将鹿肉撒在上面，最近比较常使用的是猪肉香肠。也可用牛肉干。

青木瓜沙拉

未成熟的青木瓜，沙沙吃进嘴里，清爽到汗都没了。浸在冰水中，吃之前淋上调味汁，就连口感也变得美味。是一款简单易做的沙拉。

1 将去皮虾横向切半，去除背线。煮五花猪肉片，切成2cm宽。

2 用刨丝刀沿青木瓜纤维刨2mm左右的厚度，浸入冰水，使其变脆。盛起，沥干水分。

3 倒调味汁入碗，混合搅拌。

4 将步骤2中的水用毛巾拭干，和薄荷一起放入碗里，用手抓取搅拌。盛入器皿，装饰在步骤1的食材上，洒调味汁在四周，放上顶部配料。

青木瓜的处理方法

成熟之前的青木瓜，适合做汤和炒菜。有带种子和不带种子的青木瓜之分，两者都可用于做菜。

❶ 用刨皮器去皮。因为比较硬，所以不适合用菜刀。

❷ 切半，用勺子将种子和瓜瓤去除。瓜瓤不去除的话会有苦味。右图中是没有种子的。

❸ 种子和瓜瓤去除干净的状态。

1 做顶部配菜。在小锅里倒入所有的材料，开火煮沸后冷却。

2 青木瓜按照第63页中介绍的那样处理，用切丝器将其切成细长的丝。胡萝卜也做同样处理。嫩四季豆切成其长度的一半。小番茄纵向切成两半。

3 在塑料袋里放入Ⓐ，用瓶子轻轻碾压。

4 加入Ⓑ，搅拌，用瓶子轻轻碾压。步骤2中的嫩四季豆、小番茄按序添加，同样进行碾压。

5 加入步骤2中的青木瓜、胡萝卜，搅拌，轻轻碾压。加入步骤1中的食材，开始揉搓塑料袋。

6 加入酸橙汁，混合，和包菜一起盛到器皿里。

索姆塔

在泰语里som（＝混合），tam（＝拍打），名字就是其制作方法。刺激的辣味沙拉。本来是有专门做此料理的工具，但这次我用塑料袋和瓶子来完成挑战！

材料（2~3人份）

青木瓜		200g
胡萝卜		50g
嫩四季豆		2根
小番茄		4个
Ⓐ	大蒜	1片
	灯笼椒※	1根
Ⓑ	干虾	15g
	樱花虾	5g
	花生	20g
酸橙汁		1/8个的分量
顶部	椰糖	70g
	酸橙汁	3大勺
	鱼酱	2大勺
配菜：包菜		1/8个

※ 是一种长2~3cm的超辣的辣椒。

泰国　　**主厨建议**

　　在泰国，会使用石头做成的工具进行碾压。捣碎比切更容易入味，特别是虾的鲜美和风味能扩散开来，更加美味。在这里我介绍的用塑料袋和瓶子也可以制作，请一定试试看。本来东北部的名料理是很辣的，本次介绍的是稍稍抑制了辣味的料理。即使这样，也还是很辣，请注意。做出来就这么放着会有水分出来，所以做好了之后，请立刻品尝。

柚子干鱿鱼沙拉

甘甜、酸味、鲜味恰好均衡，让人意外地好搭配。在越南有时候也会将柚子皮剥干净，当作盛菜的器具。

材料（2人份）

柚子	150g（1个）
干鱿鱼	50g

顶部
- 大蒜（磨碎）............半小勺
- 生红尖椒（切碎）.........¼根
- 三温糖.....................¾大勺
- 鱼酱.........................¾大勺
- 甜辣酱.....................半大勺

柠檬汁（依据个人喜好）.适量
顶部：薄荷·香菜·花生（粗碎）
.............................各适量

1 剥开柚子皮，分成2～3等份。将干鱿鱼撕成3mm宽。

2 在碗里混合所有的调味汁配料。

3 在其他碗里放入步骤1中的食材，用步骤2中的调味汁混合。依据个人喜好加入柠檬汁，盛入器皿，撒上顶部配菜。

 越南 主厨建议

　　柚子的酸味和甘甜均衡，又很容易剥开，所以在越南经常被食用。你可能会想："和干鱿鱼配吗?!"加上调味汁，湿润后鲜味就出来了，再加上适当的咸味，柚子的酸甜也一并挥发出来。干鱿鱼撕开后，时间越长会变得越硬，变硬之后，用酒轻轻浇一下又会变软。

材料（2~3人份）

绿豆粉丝（干燥）	70g
去皮虾	4只
乌贼（处理过的）	半只
猪腿肉[※1]	30g
胡萝卜	20g
紫洋葱	1/4个
干虾	15g
木耳（干燥）	10g
灯笼椒[※2]	1~2根

Ⓐ
香菜（切段）	3根的量
青葱（切1.5cm长）	2根的量
白水芹（切段）	4根的量

Ⓑ
鱼酱	$2^2/_3$大勺
酸橙汁	3大勺
细砂糖	3小勺半

顶部：香菜（切段）............适量

※1 有的话，里脊肉切5mm厚。
※2 是一种长2~3cm的超辣的辣椒。

泰国　主厨建议

焯过水、泡开的材料，沥干水分，加进去也不会觉得水多。食材稍微焯一下，味道会比较好。用手抓着搅拌的话，会有空气进去，所以口感会比较好，蔬菜也比较顺滑。虽然材料很多，感觉比较难做，但只要前面配菜做好就很快了。经常会在常温的情况下食用，不过稍微冷却一下也很美味。

拌粉丝

鱼、肉、蔬菜等多种食材都有的营养均衡的奢侈沙拉。刚做好时有一点点温度，口味宜人。之后会有令人意外的辛辣。

1
绿豆粉丝和干虾各放入温水里泡30分钟左右，使其涨开。粉丝用热水煮20分钟后盛起来。木耳放在冷水里泡开，切成方便食用的大小。

2
去皮虾从背部切开，去掉背线。乌贼用刀切成格子状，作装饰用。虾和乌贼都用盐水煮一下。

3
将猪腿肉切成1cm的丁，用热水焯一下后沥干。

4
将胡萝卜切成10cm长的细丝。紫洋葱切3mm宽，灯笼椒切小段。将材料Ⓑ充分搅拌混合。

5
在碗里放入步骤1、2、3中的食材，用手抓取搅拌。

6
加入混合后的Ⓑ，整体搅拌。加入步骤4中的蔬菜和Ⓐ，注意不要折断蔬菜，要轻轻搅拌。装盘，在顶部放香菜。

材料（4人份）

黄瓜 2根
胡萝卜 ....半根
洋葱 ....半个
生姜（切碎）.................1小勺
香菜（切碎）.................少量
香料粉
｜ 孜然 1小勺
｜ 芫荽 1小勺
柠檬汁※ ....半个的量
盐 ....半小勺

※ 可用醋代替。

1 胡萝卜切1.5cm的小丁，用水煮一下，留有硬度，盛上来后沥干。放入碗里。

2 洋葱切2cm的小丁，黄瓜纵向切4等分，切1.5cm宽，放入1的碗里。

3 在步骤2的碗里放入榨柠檬汁以外的所有材料，充分搅拌。最后加上柠檬汁，再搅拌。

印度 **主厨建议**

　　在印度叫作Kutyunba（黄瓜）沙拉，是不能少了黄瓜的一款沙拉。在印度，虽然不怎么吃剩的蔬菜，但这道菜却是经常吃的。做好后，时间长了会有水分，所以吃之前再搅拌。也可以放入煮过的萝卜和绿辣椒、番茄等，也很好吃。

印度风黄瓜沙拉

柠檬和生姜带来的清爽沙拉。
无油，爽口，和咖喱佐菜是绝配。

酸奶沙拉

口感顺滑、清爽的沙拉。在印度不光就这样吃，还有拌米饭一起吃的习惯，会意料之外地好吃。也可加一小撮孜然。

材料（4人份）

小番茄.............................12个
黄瓜...................................1根
原味酸奶...........................200g
孜然.................................1小勺
盐.................................$\frac{1}{3}$小勺

1 将小番茄切半，黄瓜切成1cm的小丁。

2 倒酸奶入碗，搅拌至顺滑。加孜然和盐，搅拌均匀。

3 加入步骤1中的食材，轻轻拌匀。

印度 主厨建议

用酸奶做的蔬菜沙拉经常和咖喱一起食用。停不下筷子的清爽。和咖喱、米饭拌在一起，口感温润，是很特别的吃法。番茄请使用水分较少的小番茄。另外，也推荐生洋葱或煮过的胡萝卜。将切碎的香菜放在里面也很好吃。

肉菜

材料（2人份）

鸡腿肉..............................1块（200g）

腌泡汁

  细砂糖...1小勺半

  蚝油...1小勺

  酱油...1小勺

  日本酒...1小勺

  鱼酱...1小勺

  黄豆酱油.......................................1小勺

  芝麻油...半小勺

  姜黄...半小勺

  粗黑胡椒.......................................半小勺

干辣酱

  鱼酱...1大勺

  酸橙汁...2小勺

  细砂糖...半小勺

  辣椒粉...半小勺

  糯米粉（→第59页）..................半小勺

糯米饭※..2碗的量

配料：

油菜·花椰菜（盐水焯）·小番茄·装饰
用红辣椒......................................各适量

※泰国产的糯米。糯米洗一下，浸在水里6
小时以上，用布包起来，待蒸汽出来后放
入蒸锅里蒸20～25分钟。上下翻转后再蒸
5分钟。

泰国 **主厨建议**

要想让鸡腿肉充分入味，需放置半
日以上。腌泡汁是清甜味的酱汁，里面
也有辣味和酸味。就这样当然也很好吃，
但是加了酱料会更有泰式风味。这在泰
国的东北部是有名的料理，在街边的饭
馆会加上索姆塔（→第64页）、与蒸过
的糯米饭一起食用。

泰国烤鸡

泰国伊森地方（东北部）的特产，烤鸡肉，腌泡入味、烤出来的香喷喷的鸡肉，一直到肉的里层都有味道。前一天提前腌泡，做的时候更方便。

1

在鸡腿肉的侧边用刀划10处左右，切断筋，这样腌泡汁能更好地入味。

2

在大碗里面混合腌泡汁，加入步骤1，充分抓揉，盖上保鲜膜，放入冰箱，腌半天或一夜。

3

做干辣酱。倒所有材料入碗。将烤炉预热至230℃。烤板铺上烤炉纸。

4

在步骤3的烤板上放上步骤2处理好的食材，有皮的那面朝上，烤炉调至中火，烤约15分钟，至上色。切成1.5cm的宽度，放到糯米饭上一起装盘，加上步骤3的酱汁。

材料（4人份）

鸡腿带骨肉	800g（2大块）

A
柠檬汁	半个的量
盐	$\frac{1}{3}$小勺
花椒粒	少量

腌泡汁

原味酸奶	100g
大蒜（磨碎）	1小勺
生姜（磨碎）	1小勺
色拉油	1小勺
盐	1小勺多

香料粉

辣椒粉	1大勺
孜然	1小勺
芫荽	1小勺
格拉姆玛萨拉	1小勺
姜黄	半小勺
肉桂	半小勺
卡宴胡椒粉	$\frac{1}{3}$小勺

印度　主厨建议

　　本来是在叫作圆筒炉的土窑里烤整只鸡，所以也叫作"土窑烤鸡"，我用家里的烤炉试了一下。如果想要留下一开始就腌泡进去的柠檬汁、盐和生姜的味道，就充分抓揉吧。我称之为"第一腌泡汁"。

圆筒炉是什么？

　　基本上在北印度系的餐厅里都会有，是在底部铺上炭的筒状土窑。用铁签串上肉或鱼烧烤，也用余热烧烤。根据位置不同，炭的量也不同，要边调整火候边使用。照片是正在烤馕，这是奈尔在当地拍的。

印度烤鸡

被称为印度料理之王。用酸奶和香料做成的腌泡汁，是绝对的黄金比例。你会被其正宗的味道所震撼。因为是带骨的鸡腿肉，所以要充分烧烤。

1

　　将鸡腿带骨肉去皮，整体切3～4处，5cm长、5mm深的口子。

2

　　在步骤1的食材上洒满**A**，充分抓揉。

3

　　在碗里混合腌泡汁，搅拌至顺滑。

4

　　将步骤3的腌泡汁抓揉至步骤2的食材里，在切口处仔细涂满。腌泡汁涂满整体，盖上保鲜膜，在冰箱里放置6个小时以上。

5

　　将烤箱加温至230℃。在烤板上铺上烤箱纸，注意不要让腌泡汁流下来。将步骤4中的之前有皮的面向上。下段火烤约30分钟，分成2等份。

鱼酱炸鸡翅

越南版的辣味鸡，用鱼酱作底味。蒸完之后炸，肉质柔软，胶原蛋白丰富。

材料（4～6人份）

鸡翅根......................................300g

A		
鱼酱	....	半大勺
醋	....	半大勺
芝麻油	....	半小勺
大蒜（磨碎）	....	半小勺
砂糖	....	$\frac{1}{3}$小勺
粗黑芝麻	....	1小撮

大米面......................................适量
炸用油※....................................适量

配菜：
包菜（切丝）·小番茄（装饰）
·酸橙（切片）·生红尖椒（斜切）
·香菜...............................各适量

※ 能淹没鸡翅一半的量即可。

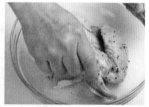

越南　主厨建议

蒸完后炸，不会变硬，外面香脆，里面柔嫩。也可用水煮一下，不过味道可能会稍逊一筹。煮的情况下，需加入少量鱼酱，煮10分钟左右，加入Ⓐ，放30分钟左右下锅炸。大米面比较脆，所以建议裹在鸡翅上。放在塑料袋里裹鸡翅，面粉会很均匀，手也不会被弄脏。

1 在碗里放入鸡翅根，裹上Ⓐ，放10分钟。

2 待蒸汽出来后，连碗一同放入蒸锅，用中火蒸约20分钟。

3 散热后，拭去汁水，将鸡翅根放入塑料袋，裹上面粉。晃动袋子，使其全都裹上面粉。

4 油加热至170℃，将步骤3中处理好的鸡翅带皮的部分向下放入油锅，炸大约7分钟。一面上色后，翻至另一面。整体都炸至金黄色，用滤油网盛起。沥干油，和配菜一起装盘。

1 猪肩里脊肉切成3cm宽，7mm厚大小，按顺序加入Ⓐ，抓揉。最后放入淀粉，防止水分流失。

2 嫩四季豆切成5cm长，茄子斜切成1.5cm，灯笼椒斜切成1cm的宽，莪术滚刀切薄片，生胡椒切4cm长。

3 在平底锅里加入1大勺色拉油，加热，用大火炒步骤1中的食材，直至变色，盛起来沥干油。

4 在同一个平底锅里加1小勺色拉油，加热，用小火炒红咖喱酱。全体入油出香后，加步骤3中的食材，改中火整体翻炒。再加入步骤2中的嫩四季豆和茄子。

5 椰奶分两次添加，每次需炒均匀，加入Ⓑ翻炒。

6 加入剩余的步骤2中的食材、甜罗勒的叶子。青柠叶6等分扭开，去除经脉，稍稍揉搓后加入，大致翻炒即可。

泰国　主厨建议

炒菜时使用红咖喱酱可调味，很方便。关键是要和咖喱一起炒，且要注意不要炒焦。这样辣味和其独特的风味就能很好地发挥出来。除猪肉外，也可以和鸡肉、牛肉、鱼类等任何肉类搭配。

红咖喱炒猪肉

用红咖喱很容易就能做好的炒菜。辛辣、浓香、醇厚，口感均衡，很下饭。只有泰国才有的食材，所以得到后请一定要试试看。

材料（2人份）

猪肩里脊肉※1	200g
Ⓐ 盐·胡椒粉	各1小撮
色拉油	2小勺
淀粉	1小勺
嫩四季豆	4根
茄子	1根
灯笼椒	1根
莪术※2	5g
生胡椒（有的话）	1根
红咖喱酱	30g
椰奶	60g
Ⓑ 鸡骨汤	1⅓大勺
细砂糖	1小勺
鱼酱	1小勺半
甜罗勒※3	¼根
青柠叶	4片
色拉油	适量

※1 切薄点也可以。
※2 可用生姜代替。
※3 甜罗勒产于泰国。冷冻物解冻后，沥干水使用。

75

材料（4人份）

五花猪肉 500g
鸡蛋 4个

A
小洋葱※（切碎）............................	1大勺
焦糖汁（→第87页）........................	4大勺
鱼酱	2小勺
砂糖	$^2/_3$小勺
盐	半小勺

B
椰汁	1杯
鱼酱	2大勺
八角	1个
砂糖	$^2/_3$大勺
盐	半小勺

粗黑胡椒 ....少量
顶部：
青葱（切小段）·香菜..................各适量
配菜：
醋泡豆芽（制作方法见下文）...........适量

※ 可用青葱接近根部的白色部分代替。

 越南　主厨建议

　　虽然有点麻烦，但猪肉煮沸后要洗一下。这样可以去除腥涩，使其很好地入味。美味的秘诀就是用慢火煮。请注意，煮鸡蛋放早了会变硬。在越南，猪肉是带皮一起卖的，所以煮的时候连皮一起煮。胶原蛋白丰富，浓香和黏稠感出来后很美味。

甜醋泡豆芽的做法

　　将口感较好的蔬菜用甜醋泡，清爽美味。和味道比较浓的料理一起食用。

材料（方便做的量）

豆芽 250g
胡萝卜 ....半根
韭菜 ....半束
盐 1小勺
甜醋
醋·砂糖..................	各2大勺
鱼酱	1小勺
灯笼椒（斜切）.......	1根的量

❶去除豆芽的根须。将胡萝卜切成5cm长的细丝，韭菜切成5cm长。

❷将❶放入碗里，撒上盐，整体搅拌，放10分钟，沥干水分。

❸用一个大碗混合制作甜醋的材料，加入步骤❷中的食材搅拌，放15分钟左右。

猪肉煮鸡蛋

越南版的猪肉角煮，还有适合搭配米饭的甜辣味。胶原蛋白的浓郁和椰汁的微甜，请一定要加上甜醋泡豆芽，让你吃得停不下来。

1

　　将五花猪肉切成4cm的小丁，用沸腾的水焯一下，之后用水清洗。倒入大量的水，小火煮20分钟。舀去泡沫。将煮后的汤放在一旁备用。

2

　　鸡蛋煮好后去壳。为更好地入味，用牙签戳8～10个洞，大约1cm深。

3

　　在碗里混合**A**，将步骤1中的猪肉和步骤2中的鸡蛋放进去搅匀，放20分钟。盖上保鲜膜晃动碗，使其更容易蘸上酱汁。

4

　　在锅里倒入**B**和1杯步骤1中的汤汁，开大火，沸腾后将步骤3中的食材连同酱料一并倒入，再次沸腾后煮5分钟。

5

　　改小火，放入厨房用布，盖上盖子，煮约30分钟。加入步骤3中的煮鸡蛋后再煮约30分钟。若汤汁不够，再加步骤1中的汤汁。

6

　　不断添加汤汁，用小火煮。将煮鸡蛋纵向切成两半装盘。将粗磨胡椒洒在顶部，加入甜醋泡豆芽。

柠檬草包牛肉

双重使用柠檬草的常规肉末料理。咀嚼柠檬草，其清香立刻会弥漫在整个口腔。

材料（6根份）

肉泥

混合肉末※	360g
A	胡萝卜（磨碎）	半小勺
	鱼酱	1小勺
	蜂蜜	1小勺
	砂糖	半小勺
	辣椒粉	$\frac{1}{3}$小勺
	盐	$\frac{1}{3}$小勺
	色拉油	1大勺

柠檬草	6根
色拉油	适量
花生（粗碎）	1大勺
配菜：青紫苏	6片

※ 牛肉：猪肉是 7:3 的比例，牛肉多点更美味。

越南 主厨建议

介意肉末腥臭的人也会因为柠檬草的效果，享受到清爽的口感。肉末尽量搅匀，搅出韧性。这样口感会很好，而且不易散开。将青紫苏和香菜切碎放入肉里也很好吃。多出来的柠檬草蘸油（→第119页）可以保存更长的时间。

1 将柠檬草粗的部分和细的部分斜切分开。粗的部分用于制作肉末，切成2大勺量的末状；细的部分切成10cm长，轻轻拍打使其香气出来。

2 在肉末里加入A和步骤1的柠檬草碎末，边揉开肉末的结块边混合，分成6等份，做成团子状，盖上保鲜膜，放入冰箱30分钟左右。

3 手上涂色拉油，将步骤2中的食材做成一个个椭圆形，将步骤1中的细柠檬草斜切后插进肉团中。

4 烤肉架加热，中火烧4～5分钟。变成金黄色之后翻到另一面，烧4～5分钟。和青紫苏一起装盘，撒上碎花生。

1 将洋葱切碎，在平底锅上倒1大勺色拉油，加热，炒至洋葱轻微上色后，盛入大碗中散热。

2 在步骤1的食材里加入混合肉末、Ⓐ、香料粉，充分按揉。如下图所示，捏碎肉粒直至充分揉出粘性，盖上保鲜膜，放到冷藏室30分钟左右。

3 烤箱加热至230℃。手上涂色拉油，将步骤2的食材分成6等份，捏成可以包在铁串上的细长形状。两端捏细。

4 在烤板上铺烤箱纸，排放步骤3中制作好的肉串，开上段火候烤15分钟。装盘，加绿辣椒酱。

绿辣椒酱的制作方法

绿的是鲜嫩的香菜汁。刺激的辛辣和酸味及香菜的清爽味道是其特征。和烤鸡等肉料理也很搭。

材料（1/4杯的量）

香菜（只用叶子）	20g
生青椒※	2根
酸奶	1小勺
柠檬汁	1大勺
砂糖	1小勺
盐	半小勺

※ 可用绿辣椒代替。
所有材料放入搅拌机搅成糊状。
不好搅拌的话，可加少量水。

保存：冷藏室可保存2日。

串烧肉泥

吃一口，肉的鲜美和香草的香气，充盈整个口腔，东方的味道。就这样吃也很美味，但是加上香菜独特的酱汁，印度风味倍增。

材料（6根份）

混合肉末	300g
洋葱	50g（¼个）

Ⓐ		
	香菜（切碎）	半根的量
	大蒜·生姜（磨碎）	各1小勺
	盐	¾小勺

香料粉		
	芫荽	2小勺
	格拉姆玛萨拉	1小勺
	黑胡椒	半小勺
	卡宴胡椒粉	¼小勺

色拉油	适量
绿辣椒酱（制作方法见右文）	适量

印度　主厨建议

将肉末揉到可以在手里捏住为止。这样就不用担心其会从串上散下来。这款料理叫作"seek kabab"，是一大口（= kabab）串在长串（= seek）上的意思。其他一大口烧的、烤的料理也叫"~kabab"。

小鱼食

材料（4人份）

鲣鱼（鲣鱼肉片）....................300g

Ⓐ
- 柠檬草（粗的部分。切碎）
  ....6根的量
- 鱼酱....................1大勺
- 胡椒粉....................半小勺
- 盐....................半小勺

醋....................适量

酱汁
- 大蒜（磨碎）....................1小勺
- 灯笼椒（磨碎）....................1根
- 鱼酱....................1大勺半
- 砂糖....................1大勺
- 醋....................1大勺
- 水....................1大勺

米皮（直径15cm）....................8张

配菜：
生菜（切成可包裹的大小）·黄瓜（斜切）·薄荷·香菜·菠萝（切成5mm厚的丁）·越南红白丝拌菜（→第99页).各适量

越南 主厨建议

在烤鱼网上涂上醋，鱼就不容易粘在网上。在平底锅上烧烤的时候，涂一点油，一开始用大火，翻过来后用中火。盛在大盘子里，和蔬菜一起用米皮包裹着吃的手卷寿司吃法是比较常见的。这时，小米皮便很有用处了。若是米皮较大，可撕开。

柠檬草烤鲣鱼

涂满柠檬草、烤得香香的鲣鱼，配上充足的蔬菜一起食用。味道较淡的鱼和香草、水果一起食用的话，其风味又会不同。

1
在碗里倒入Ⓐ，充分混合。

2
鲣鱼去血并剔骨，切成1.5cm厚。

3
将步骤1中的食材整体涂抹在步骤2中处理好的鲣鱼上。用手按压着好好涂抹，不要使其掉下来。盖上保鲜膜，放到冷藏室里30分钟左右。在碗里混合酱汁的制作材料。

4
烧烤网上涂上醋，中火加温，烤步骤3中的鲣鱼。周围微微上色后翻到另一面，烧烤两面。和配菜一起装盘，加上酱汁和米皮。

还想吃得更美味！

和满满的蔬菜一起食用

小尺寸的米皮两面喷雾。用手不好吸水，所以用毛巾拭去水分，和蔬菜一起卷着吃。没有米皮的话，只用生菜卷也是可以的。

以东南亚为中心，虾的繁殖很旺盛，所以在亚洲有很多虾料理。鲜味十足的虾，不需要多加处理，直接炒就可以鲜香十足。搭配上本国的香草和香料粉，立刻就能使其充满本国个性风味。

鸡蛋咖喱炒虾

烧过的稠稠的鸡蛋，是口感很好的一道料理。
虾的鲜美和鲜奶油顺滑的味道中，又有刺激的辛辣。
和咖喱一样，推荐盖在米饭上吃。

泰国

❶ 留取有头虾的头和尾，剥去壳，用刀除去背部的虾线，用盐水过一下。在碗里打蛋。混合淀粉和水的时候，和鸡蛋充分搅拌。

❷ 将洋葱切成1.5cm宽，将两种青椒切成1cm宽，水芹斜切薄片，胡萝卜切丁，生红尖椒斜切成薄片。

❸ 倒色拉油入平底锅加热，加入❷中的胡萝卜、生红尖椒，小火炒出香味。加入❷中剩余的材料，调至中火，整体上油翻炒。

❹ 加入咖喱粉一起翻炒，加入鸡汤和❶中的虾，搅拌均匀。加入Ⓐ翻炒，倒入鲜奶油，混合。

❺ 将❶中的蛋液加入煮沸的❹里，再次搅拌，细细搅匀，充分搅拌混合，直至其变黏稠。

❻ 加入大豆酱油，大致搅拌，装盘，撒上混合香草。

材料（4人份）

带头虾	8只
鸡蛋	2个
淀粉	1大勺
水	$^2/_3$大勺
洋葱	$^1/_4$个
青椒·红青椒	各1个
水芹	$^1/_3$根
大蒜	半片
生红尖椒※	半根
咖喱粉	1小勺半
鸡汤	半杯

Ⓐ	蚝油	$^1/_3$大勺
	细砂糖	2小勺
	辣椒酱	1小勺
	粗黑胡椒粉	少量
鲜奶油		半杯
大豆酱油		2大勺
色拉油		1大勺
顶部：香草混合		
（→第59页）		适量

※ 一种叫作 Plikk Kee Noo 的 2～3cm 长的超辣胡椒。

泰国 **主厨建议**

要想做出漂亮的黏稠感，就提前将鸡蛋和水、淀粉搅拌一下吧。这样鸡蛋就不会变成一团了。在平底锅里加入蛋液后，请慢慢搅拌。太慌忙的话，鸡蛋不但不能凝固成糊状，口感也不会好。

越南

罗望子酱汁炒虾

带头虾的鲜味很好地转移到酱汁里，有丰富的口感。
罗望子的酸味使料理浓缩入味。

❶ 将罗望子浸在热水里，泡软，用手揉搓，用沥水器沥出渣滓。汁液和Ⓐ充分混合。

❷ 将带头虾的脚和须剪掉，带壳，切背部，去除虾线。

❸ 倒色拉油入平底锅加热，大火炒❷中的食材直至变色，盛出。

❹ 将❸中的平底锅擦拭干净，加入砂糖和少量水（分量外），开中火，熬焦糖，搅拌至茶色。

❺ 加入材料表里的水，融化❹，煮2～3分钟直至黏稠。加❶，炒2～3分钟，倒入❸中搅拌，撒上粗磨黑胡椒粉，装盘。加上香菜，将汤汁作为酱汁浇在上面。

材料（3人份）

带头虾（大）	6只
罗望子	20g
Ⓐ 大蒜（切粗末）	1小勺
鱼酱	1大勺
蜂蜜	1大勺
虾酱	1小勺
砂糖	1大勺
水	半杯
粗磨黑胡椒粉	适量
色拉油	3大勺
配菜：香菜	适量

香料炒虾

和水产类很搭的绝品香料炒菜。
个性十足的香料、肉桂将其美味度大大提升。

印度

❶ 碗里放入所有制作酱的材料，充分搅匀。

❷ 将洋葱切薄，虾留尾部，去壳，切开背部，去除虾线。

❸ 倒色拉油入平底锅加热，加入芥子豆，开中火，盖上盖子。听到"啪啪"弹跳的声音停止后，加入❷中的洋葱，开大火，翻炒至微微上色。

❹ 稍微留点❶，加入翻炒，加入❷中的食材翻炒至变色。

❺ 加入香菜拌一下，将剩余的酱倒入，加盐调味。

材料（4人份）

虾（黑虎虾）	12只
洋葱	半个
香菜（切碎）	$1/3$棵的量
香料	
芥子豆	半小勺
酱	
大蒜（磨碎）	1小勺
生姜（磨碎）	1小勺
醋	2大勺
盐	半小勺
香料粉	
芫荽	2小勺
孜然	1小勺
姜黄	半小勺
肉桂	半小勺
卡宴胡椒粉	$1/3$小勺
色拉油	2大勺
盐	少量

1 将白身鱼切大块。去皮虾切开背部，去除虾线。去掉乌贼皮，切成浅浅的格子状，作装饰用。

2 洋葱切成2cm宽，青椒斜切成1.5cm宽，生红尖椒斜切。

3 在步骤1中的白身鱼和虾，轻轻撒些盐、胡椒粉，撒一层薄薄的淀粉并拍打。在平底锅里多倒点色拉油，加热，大火拌炒至表面变色，盛出。接着炒步骤2中的洋葱、青椒，整体上油后取出。

4 小锅里倒入¼的椰奶，加小火，煮至半黏稠。

5 在步骤3的平底锅里加1大勺色拉油，小火炒大蒜直至出香。加甜辣酱，充分翻炒。注意不要炒糊。

6 加¼的椰奶，炒至融化，加入Ⓐ和甜罗勒，混合。

7 加入步骤1中的乌贼、步骤2中的生红尖椒和步骤3中的食材，拌炒。加入大豆酱油，大致焯一下，装盘，加1大勺步骤4中的椰奶。

甜辣酱炒海味

吃了很多后，会怀疑这是超辣料理！拌在水产类和蔬菜里的辣椒酱汁，香料丰富的香味也是其魅力之一。

材料（4人份）

白鱼（肉块）	100g
去皮虾	4只
盐・胡椒粉	各少量
淀粉	适量
乌贼（打开的）	100g
洋葱	¼个
青椒	1个
生红尖椒	1根
大蒜（切碎）	1片的量
甜辣酱	50g
椰奶	半杯
Ⓐ 鱼酱	2小勺
细砂糖	1小勺
鸡块汤	4小勺
甜罗勒※	10片
大豆酱油	2小勺
色拉油	适量

※ 甜罗勒产于泰国。冷冻物解冻后，沥干水使用。

泰国 主厨建议

甜辣酱给人的感觉可能很辣，实际上并非如此。是具有辣椒的甘甜和香味的调味料。制作方法虽然看起来很复杂，但只要做好甜辣椒酱汁，准备好水产和蔬菜，之后就很简单了，5分钟左右就能做好。椰奶冷却后会变稠，在稍微有点稠的时候关火吧。

酸甜辣汁白身鱼

翻炒大量生红胡椒所做成的酱汁，不仅仅有辣味，其他风味也很丰富。单用这个酱汁就可以搭配白米饭吃。在这里虽然使用了白身鱼的鱼块，但在泰国，炸一整条鱼，加上此酱汁也是常见的料理。

材料（2～3人份）

白鱼[※1]（肉块）..................300g

盐・胡椒粉.....................各少量

淀粉 ....适量

酸甜辣汁（约半杯的量）

生红尖椒[※2]	60g
大蒜	15g
生红尖椒[※2]	10g
洋葱	15g
鱼酱	$1\frac{2}{3}$ 大勺
水	$1\frac{2}{3}$ 大勺
醋	1小勺半
椰糖	35g
罗望子[※3]	25g
色拉油	2大勺

炸用油..................................适量

配菜：

西兰花・花菜・小玉米（所有都用盐水煮）................各适量

顶部：

白水芹............................少量

※1 鲅鱼、鳕鱼、鲈鱼等白身鱼都可以。做一条的情况下，可在其骨头上撒些淀粉炸，做装饰用。

※2 准备微辣的 60g，叫作 Plikk Kee Noo 的 2 ～ 3cm 长的超辣辣椒 10g。

※3 浸在水里泡软，使用揉捏之后的汁。

 泰国　**主厨建议**

请享受酸甜辣酱汁中辣椒的酸甜和辛辣。加入椰糖和罗望子等不同的甘甜和酸味，味道复杂幽深，所以和味道较淡的白身鱼很搭。可放在冷藏室保存1周的时间。加上炸过的虾和乌贼，又成为一道美味的料理。

1 将白身鱼切成1.5cm宽，撒上盐、胡椒粉、薄薄的一层淀粉，轻拍。炸用油加热至170℃，炸至上色。

2 做酸甜辣酱汁。去除两种生红尖椒的种子，切碎。大蒜、洋葱切碎。

3 倒油入锅加热，小火炒步骤2中的食材。香味出来后，加入剩余的材料翻炒，一起煮至黏稠。

4 加入步骤1中的食材，轻轻翻炒至淋满全身，关火。在碗里倒入适量的汁，将汁淋在配菜上，和鱼一起装盘，放上白水芹。

材料（2人份）

带鱼	...............2段
酱汁	
大蒜（切碎）	..........半小勺
鱼酱	.......................1大勺
柠檬汁	....................1大勺
甜辣酱	....................1大勺
砂糖	....................半大勺
色拉油	.......................2大勺
配菜：	
胡萝卜（装饰切法→第151页）	
香菜	....................各适量

1 用海水浓度（3%）的盐水（份量外）洗带鱼，拭去水分。为更好地入味，可用刀划鱼肉。在碗里加入酱汁的材料，混合搅拌。

2 色拉油入平底锅，加热，用大火将步骤1中的带鱼用刀划过的部分朝下煎烤，立刻改为中火。

3 煎烤1.5～2分钟，微微上色后，反过来，煎烤2分钟。和配菜一起装盘，吃的时候蘸上步骤1中的酱汁。

越南 主厨建议

　　调味、烹调都很简单的这道料理，可使用很多种鱼。本次使用的是带鱼，也可使用鲹鱼或鲔鱼，也很好吃。我的出生地——越南中部沿海城镇芽庄，用鲅鱼来做这道菜是比较常见的。

鱼酱汁烤鱼

只想单纯品尝鱼的鲜美的话，就试试这道菜。椒盐加上甜辣的鱼酱，就可产生不可思议的越南风味。很快就可做好，是一道简单的菜。

煮鲅鱼

散发着椰子甜香的甜辣鱼。色泽鲜艳诱人，和白米饭很搭，所以可作为一般料理和便当的配菜。

材料（4人份）

鲅鱼 2段
焦糖汁（右下）.................全量
A ┌ 鱼酱 1大勺
  │ 砂糖 ....半大勺
  └ 辣椒粉 ....一把
椰汁 ....半杯
色拉油 ....少量
顶部：青葱※ 10cm

※ 从侧边切成十字状，如下图所示，放进水里后就会散开。

越南 **主厨建议**

日本的汤煮鱼，是加生姜、砂糖，在锅里做汤汁。越南是事先做糖汁，之后再煮。加入汤汁后，开火，会有鲜艳的色彩出来，真的很鲜美。

1 用海水浓度（3%）的盐水（份量外）洗鲅鱼，拭去水分。

2 在锅里涂上薄薄的一层色拉油，微微加温后，关火，将步骤1中的鲅鱼摆上，加糖汁、A，小火熬煮。

3 加椰汁，改大火，煮沸后改中火，盖盖子，边摇晃锅边煮。

4 汤汁变稠后，掀开盖子，加汤汁，煮至出颜色。装盘，加顶部配菜。

焦糖汁的制作方法

事先一起熬煮砂糖和鱼酱，做成糖汁，会有鲜艳的色彩出来。

材料（大约1大勺半）

砂糖 1大勺
水 1大勺
鱼酱 ....半大勺

❶ 在小锅里倒入砂糖和半大勺水，开中火。砂糖融化起泡出烟后，加半大勺水，充分搅拌。

❷ 再次沸腾后，加鱼酱，充分搅拌，熬煮至起泡。

材料（2人份）

带头虾	4只
绿豆粉丝（干燥）	70g
杏鲍菇	50g
Ⓐ 大蒜（切碎）	少量
生姜（切碎）	少量
鸡块汤	1杯
Ⓑ 白酱油	$1\frac{1}{3}$大勺
蚝油	1大勺
细砂糖	1小勺半
老抽	半小勺
胡椒粉	少量
白兰地	半小勺
混合香草（→第59页）	适量
大蒜油（制作方法见下文）	1小勺
色拉油	1大勺

大蒜油的制作方法

香气的秘密在于香菜的根。香菜的根有独特的香气，用油炒的话，香气立刻就会出来。加到做好的炒菜、汤、炒饭里的话，美味立刻加倍！

材料（约1杯的量）

大蒜（切碎）	30g
香菜的根（捣烂）	4棵的量
色拉油	1杯

❶ 往小锅里倒色拉油，加热，放入Ⓐ，加小火。

❷ 注意摇晃，炒5~6分钟，至上金黄色，香味转移到油里。捞起香菜根。

保存：常温可保存1周。

粉丝炒煮虾

泰国料理里比较少见的，是一道清淡料理。吸收了虾的鲜味的粉丝也是主角级的美味。甜味、酸味、辣味不那么明显，

1

将绿豆粉丝用温水泡开。保留虾的头部和尾部，去壳，背部切开，夫除虾线。杏鲍菇切大块。混合Ⓑ。

2

平底锅加色拉油，微微加热，加Ⓐ，用小火炒至出香。加入步骤1中的虾和杏鲍菇，一起翻炒。立刻倒进鸡汤煮。

3

加Ⓑ，轻轻搅拌，煮沸后加入白兰地和沥干水分的粉丝，微煮。

4

加混合香料，大致搅拌。

5

旋转倒入大蒜油，立刻关火，装盘。

泰国 主厨建议

虾煮过头的话会变硬，事先和调味料搅拌好放着更方便。在泰国，经常会把所有的材料都放到土锅里。开火蒸煮后，直接带锅端到桌上。

蔬菜小食

材料（2人份）

空心菜......................................1束（200g）
生红尖椒[※]......................................3根
大蒜（切碎）......................................2小勺

A
　豆豉汁（→第116页）......................25g
　细砂糖......................................半小勺
　蚝油......................1小勺以内（5g）
　鸡块汤......................................3大勺

大豆汁......................................半小勺
色拉油......................................2大勺

※ 一种叫作 Plikk Kee Noo 的 2～3cm 长的超辣辣椒。

泰国 主厨建议

　　大火一下炒好是秘诀。所以需要提前将调味料和空心菜一起准备好。在泰国，空心菜比较常见，像小油菜这样的青菜都很好吃。

爆炒空心菜

就一句话：火大手快。青菜和调味料全都准备好，一齐倒入平底锅。一定要在所有的材料都准备好之后再给平底锅开火。

1
将空心菜平放，用刀拍打碾压其茎部，分4等份。生红尖椒斜切。

2
将步骤1中的空心菜倒入碗里，加上生红尖椒、Ⓐ。

3
倒色拉油入平底锅加热，用小火炒大蒜至出香。

4
一齐加入步骤2中的食材，开大火，立刻倒入鸡汤，快速翻炒。

5
加入空心菜之后约20秒，菜开始变软后，旋转着倒入大豆汁。关火，大致翻炒，立刻装盘。

1 往锅里倒水，沸腾后加3%的盐（份量外），小火煮五花猪肉30分钟左右。

2 芥蓝菜切成4等份，生红尖椒斜切成大块。混合搅拌Ⓐ。

3 炸用油加热至170℃，拭去步骤1中五花肉表面的水分，炸至表面金黄，沥干油，切成5mm厚。

4 在平底锅里倒1大勺色拉油（份量外），放入步骤3中的食材和大蒜，中火炒。

5 加入步骤2中的芥蓝、生红尖椒、Ⓐ，大火一起翻炒。芥蓝变软后立刻装盘。

炒芥蓝

炒得脆脆的青菜和炸得恰到好处的猪肉是绝配。猪肉是一整块用水煮之后炸一下，所以外脆里嫩。

材料（2人份）

芥蓝[※1]	200g
五花猪肉块	100g
生红尖椒[※2]	3～4根
大蒜（切碎）	1大勺

Ⓐ	蚝油	1⅓大勺
	大豆汁	1小勺
	大豆酱油	1小勺
	细砂糖	1小勺
	鸡块汤	¼杯
炸用油		适量

※1 在泰语里叫作kanah，是一种茎比较粗的青菜。
※2 一种叫作Plikk Kee Noo的2～3cm长的超辣辣椒。

泰国 **主厨建议**

泰国料理加热至"啪啪"脆响的料理居多，这道也是。只是因为想把猪肉做成脆中带软的口感，所以下水煮了一下。虽然有点麻烦，但脆脆的芥蓝和香香的猪肉非常搭，会吃上瘾。这种做法比较适合粗梗青菜。

水产

菠萝炒蔬菜和

将大量的蔬菜和菠萝一起炒，带来酸甜的热带体验。是一道既有营养，口感又好的料理。

材料（2人份）

乌贼（打开的）		半片
去皮虾		50g
Ⓐ	大蒜（切碎）	¼小勺
	生姜汁	¼小勺
	盐	1小撮
	粗磨黑胡椒粉	少量
淀粉		¼小勺
洋葱		⅓个
番茄		半个
芹菜		¼根
菠萝		50g

豆芽		50g
大蒜（粗切碎）		1小勺
生姜（粗切碎）		1小勺
Ⓑ	鱼酱	¼大勺
	砂糖	¼小勺
	甜辣酱	半小勺
色拉油		1大勺
粗黑胡椒粉		适量
顶部：芹菜叶		适量

1 乌贼去皮，切成3×5cm大小，划格子花纹。去皮虾在海水浓度（3%）的盐水里清洗，背部划开，去除虾线。加Ⓐ腌泡，放置15分钟。

2 将洋葱和番茄切成半月状；芹菜去除茎，斜切成5mm厚；菠萝切成5mm厚，3×5cm大小；豆芽除根。

3 往平底锅里倒一半分量的色拉油，用小火翻炒大蒜、生姜至出香，依次炒步骤2中的洋葱、芹菜、菠萝、番茄、豆芽，保留微脆口感，盛出。

4 加淀粉，抓揉步骤1中的食材。

5 倒剩余色拉油入步骤3的平底锅中，加热，大火炒步骤4中的食材。虾变色后放入步骤3中的食材大火炒，用Ⓑ调味，装盘。撒上粗磨黑胡椒粉，加上芹菜叶。

越南 主厨建议

乌贼和虾入味后再加淀粉抓揉。这样的话，水产的水分就不会渗出，口感柔软，有嚼劲。并且，因为菠萝有酵素，稍微过一段时间，水产还是会很柔软。可以稍微多放点和水产相配的菠萝。

炒秋葵

纵向切开的秋葵更容易熟，粘液较多，香料更易入味。

❶ 切掉秋葵的根部，纵向将其切成两半。洋葱切薄，番茄切块，大蒜和生姜切丝。

❷ 倒色拉油入锅加热，中火炒孜然豆，直至起泡。

❸ 加入❶中的洋葱、大蒜、生姜，炒至微上色，加入❶中的番茄，按压翻炒，直至水分消失。

❹ 减小火势，加香料粉和半小勺盐，翻炒20～30秒，使其出香。

❺ 加入❶中的秋葵，中火翻炒。若难以拌匀，可加少量水（份量外），拌好后盖上盖子，小火蒸煮3～4分钟，用盐调味。

材料（4人份）

秋葵	24根
洋葱	100g（半个）
番茄	100g（半个）
大蒜	1片
生姜	1片
香料	
孜然豆	1小勺
香料粉	
┌ 芫荽	1大勺
│ 姜黄	1小勺
└ 卡宴胡椒粉	⅓小勺
盐	适量
色拉油	2大勺

北 南北不同！？印度

土豆炒花菜

用咖喱的基础香料炒两种清淡的蔬菜。放入大量柠檬汁，好好发挥其作用吧。

❶ 土豆和花菜都切大块，各自下水焯下，沥干水分。

❷ 倒色拉油入平底锅加热，中火翻炒孜然豆至起泡。

❸ 加入大蒜、生姜快炒，油铺开后，立刻盖上盖子，烧一会儿。打开盖子，改小火，加香料粉和1小勺盐炒20～30秒，直至出香。

❹ 加水，改中火，炒至沸腾，至整体呈糊状，加入❶一起翻炒。

❺ 水分均匀混合之后，加入香菜，挤柠檬汁，炒至混在一起。加盐调味。

材料（4人份）

土豆	400g（2大个）
花菜	300g（1棵）
大蒜（磨碎）	2小勺
生姜（磨碎）	2小勺
香料	
孜然豆	1小勺
香料粉	
┌ 姜黄	半小勺
│ 卡宴胡椒粉	半小勺
└ 芫荽	2小勺
盐	适量
水	4～5大勺
香菜（切碎）	1棵的量
柠檬	半个
色拉油	2大勺

胡萝卜炒苦瓜

营养价值极高的夏季蔬菜搭配，
凝结着南印度度过夏季的智慧。

❶ 苦瓜纵向切半，用勺子去
除种子和瓜瓤，切成薄片；胡
萝卜切成3mm厚的圆片，然
后切丝；洋葱切碎。
❷ 倒色拉油入平底锅加热，
加香料，盖盖子，开中火。芥
子豆"啪啪"声停止后，加入
❶中的洋葱和胡萝卜，翻炒。
❸ 等到❷中食材上色后，改
小火，加入香料粉、椰粉、半
小勺盐，炒20～30秒至出香。
❹ 加入❶中的苦瓜和胡萝卜，
改中火，炒至变软，盖盖子蒸
煮1～2分钟。炒干了的话，
可加少量水（份量外）。用盐
调味。

材料（4人份）

苦瓜	1根
胡萝卜	半根
洋葱	1/4个
大蒜（切碎）	1小勺
香料	
｜红尖椒	2根
｜芥子豆	半小勺
香料粉	
｜姜黄	1/3小勺
｜卡宴胡椒粉	半小勺
椰粉	3大勺
盐	适量
色拉油	2大勺

炒蔬菜

印度餐桌上不可或缺的香料炒蔬菜。切的方法南北有所不同。
北方是在扁平的面板上切成容易抓取的大块；南方为防止腐
烂，要充分加热，会切得很细。
另外放椰子的料理也很多，微带甘甜是其特色。

炒卷心菜

❶ 将卷心菜切成粗丝，洋葱
切碎。
❷ 倒色拉油入锅加热，加入
鸡心豆和芥子豆，改中火，盖
盖子。
❸ 芥子豆的"啪啪"声停止
后，加入❶中的洋葱和大蒜，
炒至变软，出香。
❹ 改小火，加香料粉、椰丝、
2/3小勺盐，炒20～30秒，
出香。
❺ 加入❶中的卷心菜，整体
翻炒。要是不好炒匀，加少量
水（份量外）。盖盖子，蒸煮
至变软，加盐调味。

材料（4人份）

卷心菜	半个
洋葱	1/4个
大蒜（切碎）	1小勺
鸡心豆（去皮切瓣。干燥）	
	2小勺
香料	
芥子豆	1小勺
香料粉	
｜姜黄	1小勺
｜卡宴胡椒粉	1/3小勺
椰丝	2大勺
盐	适量
色拉油	2大勺

材料（4人份）

土豆	3个
洋葱	半个
生姜	1片
青尖椒※	2根
腰果（原味）	20g
香料	
芥子豆	半小勺
香料粉	
芫荽	2小勺
姜黄	小勺
卡宴胡椒粉	半小勺
盐	适量
黄油	10g
水	2大勺
香菜（切碎）	1大勺
色拉油	2大勺

※ 可用青辣椒代替。

印度 主厨建议

土豆太软的话，容易压烂碎掉，所以放水里煮一下使其变硬。另外，加了香料后，为了不要压碎土豆，应加水翻炒。你可能会想：怎么会在炒菜里加水呢？但是，为了充分使香料入味，这是有必要的。印度料理无论在什么时候，香料都是主角。

香料炒土豆

香料和土豆充分翻炒的印度小菜。在店里作为员工餐，和飞饼一起当作早饭。热乎乎的土豆和香香的坚果，口感值得期待。

1 土豆切大块煮硬。洋葱切薄，生姜切丝，生青辣椒斜切。

2 倒色拉油入平底锅微加热，放入芥子豆，开中火盖盖子。"啪啪"声停止后，加入1的生姜、生青辣椒、腰果，如照片所示翻炒至金黄色。

3 加1的洋葱，翻炒至微上色，调小火力，加香料粉和1小勺盐，炒20～30秒直至出香。

4 加入1的生姜、黄油、水，改中火，均匀搅拌。

5 加入香菜搅拌，加盐调味。

还想吃得更美味！

和甩饼搭配作早饭

这道料理，在印度多和飞饼搭配作早饭食用。右手将甩饼（→第37页）这样的扁平面饼灵活卷起，夹着土豆一起食用。食用时，不应使用被认为是不洁的左手。下面是奈尔主厨的实际演示！

❶ 将面饼折成三角形，用右手无名指和中指压住面饼。

❷ 用右手拇指和食指撕面饼。

❸ 手指拿着撕下来的面饼，用右手拇指按压中央部位。

❹ 夹住炒菜，用右手拇指按住土豆，送到口中。

腌茄子

材料（好做的量）

茄子	3根
大蒜	3片
生姜	2片
青尖椒	2根
香料	
芥子豆	半小勺

香料粉	
红辣椒粉	1小勺
卡宴胡椒粉	半小勺
姜黄	半小勺
葫芦巴	半小勺
盐	适量
醋	4大勺
色拉油	6大勺

保存：浸在油里，常温可保存1周左右。

印度　主厨建议

印度做菜的基本方法是，首先加热使素材含油，之后油浮出来，有了光泽即结束。这道料理是典型的代表。充分翻炒后，会有漂亮的光泽出来。这款泡菜叫作"achaar"，酸味和辛辣味很刺激，可以混合咖喱享受不一样的口感，也可以和米饭一起当作腌泡菜来食用。也很适合作便当。

1 将茄子切成1cm大小的丁。大蒜、生姜磨碎。青尖椒切丝。

2 倒色拉油入平底锅微微加热，放入芥子豆，盖盖子，改中火。弹跳声停止后，加入除茄子以外的步骤1中的食材，翻炒至出香。

3 改小火，加香料粉和1小勺盐，整体搅拌翻炒。

4 加入步骤1中的茄子和醋，翻炒，盖盖子，焖煮1~2分钟。

5 打开盖子，翻炒至茄子吸收的油再次沥出，呈现光泽，加盐调味。待完全冷却后，盛入保存容器中。

材料（好做的量）

胡萝卜	100g
萝卜	100g
盐	半小勺

甜醋
砂糖	4大勺
醋	4大勺
水	2大勺

食用时间·保存：虽然腌好后立刻就可以吃，但20分钟后是最佳食用时间。冷藏可保存1周。

1 胡萝卜、萝卜切丝，放碗里。撒盐揉匀，沥干水分。

2 在碗里混合甜醋，腌步骤1里的食材。

 越南 主厨建议

越南餐桌上很宝贵的、不可或缺的一道料理。可放在炸春卷的蘸酱里，加在肉料理和鱼料理上和蔬菜一起包着吃。在越南三明治（→第47页）里也少不了。

越南料理中不可或缺的常备菜。不仅可以这么吃，和料理一起食用，其脆脆的口感和酸甜的味道又是另一种体验。

越南红白丝拌菜

特拉·希·哈主厨
教教你

亚洲料理不可或缺的
罗望子的使用方法

罗望子经常会在亚洲料理中出现。有没有发现过，装袋里有黑色的硬块？这个硬块不是直接拿来就用的，需要放在液体里泡软，将精华充分揉捏出来，使用其汁水。特拉·希·哈帮我们总结了使用方法，即使是少量也可以使用（第126页）。可保存1周。这里也会介绍酸而爽口的饮料的制作方法。

材料（约2杯的份量）

罗望子.............................150g
水.....................................3¼杯

❶ 在锅里倒入罗望子和2¼杯水，开中火，煮至其变软。

❷ 用搅拌器将其轻轻搅烂。多次搅拌，直至味道全部出来。

❸ 用滤网过滤，使其留下精华。将残留在滤网上的罗望子倒回锅里，加1杯水，再次开中火。和❷一样碾压。

❹ 和滤过的罗望子液体一起倒入锅里，用铲子搅拌，煮至黏稠。

热带非洲原产的豆科高木。豆荚最长可长至16cm，在树上成熟的便如照片所示，会变成茶色。也有生的晒干的。如右图所示，密封成熟的果实，凝缩成块的产品也比较常见。

用碳酸稀释的爽口饮料

和柠檬一样有刺激酸味的罗望子，如上述用碳酸稀释，就会成为一款激动人心的饮品。据个人喜好可加入砂糖。如第140页那样放入生姜汁，可成为姜汁清凉风，倒点烧酒，又成了罗望子鸡尾酒。

超人气菜单

面·米饭·汤

"呲溜"一下滑过喉咙的米粉，吃完后的感觉很轻松。
胃的负担小，可以和鲜美的面汤一起食用。
一只盘子就能令人非常满意的米饭料理，和放了大量鱼类、蔬菜的可吃的汤，
亚洲的调味料和调味方法，是个性的极致体现。

第 3 部分

面

材料（各2人份）

鸡肉河粉

河粉（粗细适中的河粉→第145页）..100g

A	鸡肉汤（→第104页）.....................4杯	
	鱼酱...2大勺	
	砂糖...1小勺	
	盐...不到1小勺	

水煮过的鸡肉（第105页）.....................120g

牛肉河粉

河粉（粗细适中的河粉→第145页）..100g

B	牛肉汤（→第104页）.....................4杯	
	鱼酱...2大勺	
	砂糖...1小勺	

水煮过的牛肉（第105页）.....................6片

鸡肉・牛肉河粉通用（分别准备）

豆芽...150g

酸橙...¼个

顶部：

青葱（切小段）・香菜・锯形芫荽・
莴苣叶（色拉常用）・生红尖椒（斜切）・
干洋葱头.......................................各适量

鱼酱...适量

越南 主厨建议

　　泡河粉的时候不要着急。只有花了时间，它才能变得顺滑美味。顶部的蔬菜和香料可根据喜好添加。可以多准备一点，边吃边加，做出自己喜欢的味道。香料，我推荐的是圣罗勒。虽然不怎么好买到，但是香味很好。现在市场上销售的河粉用汤也卖得很好，也可用这个。

牛肉河粉　鸡肉河粉

非常受欢迎的越南代表料理。吡溜顺滑的河粉，醇香美味的汤汁，还有大量清爽的蔬菜，使人食欲大增。

1
将河粉浸泡在30℃～40℃的热水里。粗细适中的河粉泡20分钟，粗河粉要泡30分钟。

2
豆芽去根，用热水焯一下，沥干水分，将半份放入碗里。

3
将步骤1中的河粉捞上来，用水洗，去除黏液，沥干水分。倒Ⓐ和Ⓑ入锅，开始加温。

4
放步骤3中的河粉入网勺，在汤里煮中等粗细的河粉20秒，粗河粉40秒，盛入步骤2中的食材。加入汤，放上煮过的鸡肉或牛肉。另外，添加酸橙和顶部配菜、鱼酱。

还想吃得更美味！

扭开蔬菜不断追加

将蔬菜或香草扭成大块放上，酸橙挤汁。越南的吃法是每次要吃顶部配菜时就追加。也不要忘了放干洋葱头和生红尖椒，在餐桌上就能自己调味。也可据喜好添加鱼酱。

特拉·希·哈主厨
教教你

在家即可做的 正宗面汤

肚子稍微有点饿的时候，可呲溜呲溜食用是河粉的一大魅力。为其添彩的是醇香鲜美的清爽口味的底汤。一边担心在家做可能会有点难，又想到"就是因为有汤才好吃的河粉"，所以就拜托了特拉·希·哈。特拉·希·哈告诉我们："在餐厅里一般都会使用鸡块或牛骨做汤，要是在家里做的话，可以简化成方便入手的食材。但通常还是店铺里的做法比较理想。"

鸡肉汤

材料（约1.2L的量）

带骨鸡腿 .... 500g（2根）
酒·盐·胡椒粉 .... 各适量
洋葱（带皮）.......................... 1个
生姜（带皮）.......................... 100g
八角 4个
水 1.5L

牛肉汤

材料（约1.2L的量）

五花牛肉块 500g
盐 .... 半小勺
酒·胡椒粉 .... 各适量
洋葱（带皮）.......................... 1个
生姜（带皮）.......................... 100g
八角 4个
水 2L

制作的重点是香味蔬菜和八角连皮一起烤过后，和肉一起煮。蔬菜的皮和皮附近的部分很有风味。另外，烧烤过后更加甘甜，可盖掉肉的腥味，所以余味很清爽。香味蔬菜推荐萝卜和大葱等。

做完汤底的肉可做配菜。汤底和肉一起食用很美味。

鸡肉汤的制作方法

❶ 将洋葱、生姜带皮切半。烤网生火加热，将洋葱、生姜、八角烧烤至略焦。去除烤焦的部分。

❷ 切断带骨鸡腿肉的筋，去除油脂，肉厚的部位用菜刀切开。撒上酒、盐、胡椒粉。锅里倒入步骤❶中的食材和水，开大火。沸腾后，去除泡沫。

❸ 改小火，边撇去浮沫边煮30分钟。

❹ 轻轻取出鸡肉。因为鸡肉被煮得很软，注意不要使其烂掉。

❺ 在滤网里铺上厨房纸巾，过滤步骤❹中的汤。

牛肉汤的制作方法

五花牛肉块用沸水煮，撒上盐、酒、胡椒粉。和鸡肉汤一样，倒入烤蔬菜和水，小火煮1～2小时，过程中撇去浮沫，同样过滤。

沥完汁的肉可放在河粉的顶部

沥完汤汁的肉，虽然精华流失了一点，但和香味蔬菜一起煮一下，可变得柔软清爽。可放在河粉的顶部食用。

鸡肉 散热后，轻轻从骨头上剔下来。剔得较细的话，浸汤汁容易入味。

牛肉 散热后，切成1cm厚。

放在保温锅里不用去管它的正宗汤底！

实际上，特拉·希·哈主厨在做河粉汤底的时候，使用了保温锅。用步骤❷的制作方法，使其沸腾，舀去浮沫。鸡肉汤要1个小时，牛肉汤要1晚，放在保温锅里。保持低温缓慢加热，做出来的汤底杂味少而鲜美。也不需要去注意火候，又很省电。所以推荐使用。

鱼肉丸子汤面

说起泰国的汤面，不得不提的就是鱼肉丸子汤面。放上弹力十足的鱼肉丸子和芳香四溢的顶部配菜，粉内容丰富，色泽诱人。

材料（2人份）

米粉面（senlek→第113页）120g
鱼肉丸（10个）

A
- 白身鱼※（切片）..............200g
  - 鸡蛋..............半个
  - 细砂糖..............一小把
  - 盐..............一小把
  - 胡椒粉..............少量
- 淀粉..............2大勺
- 冷水..............1²/₃大勺

豆芽..............60g

B
- 香菜根（捣烂）........2棵的量
- 大蒜（捣乱）............1片的量

C
- 鸡块汤..............360ml
- 大豆酱油..............2小勺半
- 大豆汁..............1小勺半
- 鱼酱..............1小勺半
- 细砂糖..............1小勺

色拉油..............1大勺
顶部：青葱（切1.5cm长）·白水芹·香菜（一起切段）·花生（粗碎粒）
..............各适量
干辣椒..............4根

※ 鲅鱼、加吉鱼、鳕鱼等。

泰国 主厨建议

市场上销售的鸡块汤，鲜美的关键是大蒜和香菜根用油翻炒出香味后做汤。并且，大蒜、香菜根煮过后就有了风味。一直到最后都不要捞出来。

1
将米粉面放在20℃的水里浸泡40分钟，用滤网捞起，沥干水分。将白身鱼切成2cm的丁。

2
将步骤1中的鱼和Ⓐ放入搅拌器，搅成糊状。也混入淀粉和冷水，搅好后移到碗里，按压出照片所示的直径3cm的丸子状。

3
锅里加水煮沸，用中火煮步骤2中的食材。每做一个丸子放一次，间隔着放。浮起来捞出。

4
锅里倒色拉油加热，改小火，大蒜和香菜根翻炒至出香。

5
加Ⓒ煮化细砂糖。

6
放入4个步骤4中制作的丸子，加热。

7
用其他锅煮沸水，将豆芽焯水，保留脆脆的口感，用滤网盛起。

8
锅里煮沸水后煮步骤1中的米粉面大概20秒，沥干水分后盛入碗里。放上步骤6中的丸子和步骤7中的豆芽，去除步骤4中的大蒜和香菜根，倒汤，放顶部配菜。

干拌面

米粉面一泡开，瞬间即可做好的快餐。猪肉调上浓汁，米粉面和豆芽的水分充分沥干，不会串味。

材料（2人份）

米粉面（senlek→第113页）
....110g
猪肩里脊肉※.....................50g
豆芽.....................................50g

A
大蒜油（→第88页）1大勺
鱼酱............................1大勺
细砂糖........................1大勺
泰式大豆老抽.........1小勺

大蒜油.................................1大勺

B
泰式大豆生抽..........1小勺
蚝油..............................1小勺
酸橙榨汁..............1小勺半

顶部：
青葱（切成1.5cm长）·香菜（切段）..
各适量
花生（粗碎粒）....................10g

※ 肉块比较好，薄片或肉末也行。

泰国 主厨建议

在泰国，多在露天小店吃面，从早到晚随时可以品尝。选好自己喜欢的食材，事先泡好的米粉面，一会儿就能做好。在家里也可以提前一天泡好，沥干水分，做好准备，多泡一点也没关系。也可选择餐桌上喜欢的调味料（→第58页）。

1 米粉面浸泡在20℃的水里40分钟，用滤网捞起来，沥干水分。

2 猪肩里脊肉剁粗碎，用热水焯一下，用滤网捞起来，移到碗里加**A**搅拌。

3 豆芽用热水焯一下，留脆脆的口感，用滤网捞起。

4 锅里水烧开，将步骤1中的食材用滤网焯水20秒，水分沥干后洒大蒜油，搅拌。加入步骤2中的食材，和**B**混合，装盘后放入步骤3中的豆芽和顶部配菜。

干拌米粉

口感顺滑松软，
是非常简易的一道料理。
魅力十足的米粉。
加了很多配菜的米粉，
因为不需要汤底，
所以在越南的
一般家庭里，
非常受欢迎。

材料（2人份）

米粉（→第113页）...........100g
五花牛肉薄片 100g

A：
　柠檬草（粗的部分切粗碎块）
　..............................¼根的量
　小洋葱※（切粗碎块）
　.................................半个的量
　大蒜（切粗碎末）半片的量
　鱼酱 ....半大勺
　蜂蜜 ....半大勺
　色拉油 ....半大勺
　盐 ....¼小勺
　粗黑胡椒 ....少量
青葱（切小段）.........3根的量
色拉油...........................1大勺
葱油（→第60页）..........1大勺

酱料（容易做的量）

　大蒜（磨碎）.............半小勺
　水 3大勺
　砂糖 2大勺
　醋 2大勺
　鱼酱 1大勺半
　豆瓣酱 1小勺

铺在米粉下面的蔬菜
生菜·卷心菜·黄瓜·青紫苏
.................................各适量

顶部：
香菜·薄荷·花生（粗碎粒）·
越南红白丝拌菜（→第99页）
各适量

※ 可用青葱接近底部的白色部
位代替。

1 米粉泡在30℃～40℃的热水里20～30分钟，用滤网盛起。将五花牛肉片切成3cm厚，拌Ⓐ放置10～15分钟。

2 将铺在米粉下面的蔬菜切丝，用酱料搅拌。

3 倒色拉油入锅加热，炒步骤1中的牛肉，过火后加青葱，关搅拌。

4 锅里煮沸水，将步骤1中的米粉放入滤网，浸5秒左右，沥干水分。

5 在器皿底部铺上步骤2中的蔬菜，放上步骤4中的食材，绕圈倒葱油。加上步骤3中的食材和顶部蔬菜，浇酱汁。

越南 主厨建议

　因为与米线相比能和更多的食材搭配，所以无论是在一般家庭还是露天店铺都很受欢迎。除了肉、鱼、蔬菜、豆腐，也可放上炸春卷。也可像米饭搭配小菜那样食用。

泰式炒面

因为是甜辣味，所以即使是不能吃辣的人也可品尝。大量使用不同口感的食材，所以营养均衡的特点也很突出。若是喜欢辣的、酸的，还可以使用餐桌上的调味料。

材料（1人份）

材料	用量
米粉面（senlek→第113页）	80g
去皮虾	4只
炸豆腐块	20g
韭菜	10g
小洋葱※	半个
豆芽	40g
腌萝卜	10g
蛋液	1个的量
樱花虾	3g
鸡块汤	$1\frac{2}{3}$大勺
酱汁（容易做的量）	
罗望子	70g
鱼酱	60g
椰糖	80g
花生（粗碎粒）	10g
酸橙（切成半月形）	$\frac{1}{6}$个的量
色拉油	2大勺

※ 可用干葱头代替。

泰国　主厨建议

米粉面的配菜的固定搭配就是这样。在泰国是放炸豆腐和腌萝卜。决定味道的关键是酱汁。罗望子用热水泡软挤汁水。加入调味料之后，是黏稠的糊状。

1

将米粉面用20℃的水泡40分钟，用滤网沥干水分。

2

做酱汁。将罗望子放入小碗里，倒入刚好漫过材料的热水（份量外），泡软，充分揉压出汁。往汁水里倒入剩余材料。

3

将炸豆腐切成2cm宽、1cm厚的块，韭菜切成5cm长。小洋葱切薄，腌萝卜切成1cm的小丁。豆芽去根须。

4

去皮虾背面用刀切开，去除背线。倒1大勺色拉油入平底锅加热，过一下火，盛出。

5

在步骤4中的平底锅里再加上剩余的色拉油，中火炒步骤3中的小洋葱出香，加入步骤3中的炸豆腐，翻炒。

6

加入步骤1中的食材。鸡汤，大火翻炒，加入步骤4中的虾和两大勺步骤2中的酱汁，炒至酱汁均匀。

7

沿着平底锅的一侧倒入蛋液，至半熟状态后，大面积翻炒。将米粉面铺满锅，和鸡蛋炒匀。

8

加入步骤3中的韭菜、半份豆芽、腌萝卜，翻炒，再加入花生、樱花虾各半份炒混。装盘后，撒上剩余的豆芽、花生和樱花虾，加酸橙。

1 将米粉面加20℃的水泡50分钟左右，使其泡开，用滤网沥干水分。移到碗里，倒入泰式老抽，沾满米粉面。

2 将芥蓝菜切成4等份，茎纵向切半。红椒斜切。猪肩薄肉切成2cm宽。分别混合Ⓐ、Ⓑ。

3 倒色拉油入平底锅，弱中火炒步骤2中的猪肉。猪肉有油出来后加大蒜出香，加入步骤1中的面，迅速翻炒。

4 加Ⓐ，面变软后，加Ⓑ，翻炒。加入步骤2的芥蓝菜和红椒，翻炒，推到平底锅一侧。

5 在平底锅空出来的地方倒入蛋液，呈半熟状态后和面一起炒。盛盘，撒上花生碎。

泰式酱油炒面

虽然比不上泰式炒面有人气，但也是讨人喜欢的甘甜、有层次的味道。这款炒面必须要有粗面和芥蓝菜。没有看上去那么重口味，可以吃很多。

材料（2人份）

米面（senyai→第113页）	130g
猪肩里脊薄肉片	120g
芥蓝菜	100g
红椒	半个
蛋液	1个的量
大蒜（切碎）	1小勺半
泰式老抽	1小勺

Ⓐ	水	3⅓大勺
	醋	1小勺

Ⓑ	细砂糖	2小勺
	鱼酱	1小勺半
	泰式生抽	1小勺
	蚝油	1小勺

胡椒粉	适量

顶部：

花生（粗碎粒）	适量
色拉油	2大勺

泰国 主厨建议

事先在面上涂上调味料，这样就不会串味，颜色也不易转移，所以鸡蛋的颜色会很好看。在大蒜之前炒猪肉可以很好地将猪肉的油脂风味留下。这样的话整体都会沾上猪油，整盘都会有猪肉的鲜美味道。

米粉面

用100%的大米所制作的米面的总称。大致可分为3种，使用得最多的是一种叫作senlek的中等粗细的面。多用于汤面和拌面。

叫作senyai的面是扁平的，较宽，可用作汤面和炒面。另外，还有一种宽2mm左右的极细面，叫作senmee。

中等粗细面（senlek），宽1～3mm

宽面（senyai），宽约10mm

面

与khanom Chin口感相似的，是素面或小麦面制作而成的蘸酱面。

其他 加入鸡蛋和面的中华拉面也很受欢迎。在北部加咖喱汤吃也很有名（第43页）。

khanom Chin

米发酵而成的米面。和凉粉一样是和出来的，圆面身是其一大特征。特别柔软，有一点点发酵的味道。加上生蔬菜和香草，和咖喱酱一起，既可做成蘸酱面，也可做成拌面。

泰国和越南的米面

在东南亚各国，用米做面是比较常见的。本书便以此为中心，介绍了泰国和越南的主要米面。和干燥面的吃法一样，都是用常温水或温水泡开，用热水过一下就可以食用。

中等粗细面，宽5mm左右

宽面，宽8～10mm

Bun

和泰国的khanom Chin一样的做法。滑滑的、软软的，很容易入味。可做汤面、拌面、蘸面，加上小菜一起食用，或者和小菜一起用面皮卷起来食用。在家里就可以轻松做好。是越南吃得最多的一款面。

其他 和Pho一样，使面底半干燥、用刀切的面，一般都是配猪肉汤来吃。经常可以在南部的胡志明市吃到。其他有地方特色的面和中华面也有很多种。

Pho

经常在面料理里使用的"米线"。因为是由100%的米和木薯粉做成的，所以带有透明感。最理想的状态是"像丝绸一样柔滑"没有弹力，很顺滑。薄薄的、宽度各有不同。所有的这种米面都可叫作"Pho"。

和Pho一样，用常温水或温水泡开，吃的时候过一下热水即可。

面

113

饭

材料（2人份）

温热米饭	2碗的量
鸡腿肉[※1]	150g
洋葱	1/8个
嫩四季豆	2根
红椒	1/4个
A 生红尖椒[※2]（切小段）	1根的量
大蒜（切碎）	半大勺
B 鱼酱	不到1大勺
蚝油	不到1大勺
细砂糖	2/3小勺
罗勒叶[※3]	半枝
青柠叶	1片
鸡蛋	2个
色拉油	适量

※1 肉末也可以。有的话，粗肉末为宜。
※2 一种叫作 Plikk Kee Noo 的长 2 ～ 3cm 的超辣辣椒。
※3 冷冻品解冻后，泡水使用。

泰国　主厨建议

　　说起泰国米饭，基本上指的就是盖饭，由此可以看出其人气之旺。泰国的罗勒叶一般都较难买到。若是冷冻的，年中的时候会有卖，可以试着找找。在专卖店里买新鲜的罗勒叶的话，可在最后添加，香气会更加清冽。除鸡肉以外，猪肉也很好吃哦。

鸡肉罗勒叶盖饭

罗勒叶炒鸡肉，拌着米饭一起吃。炸过的蛋白口感酥脆，请尽情享用。

1 将鸡腿肉切成1cm的丁。洋葱切成7mm宽，嫩豆芽切成3等份。红椒切成5mm的细丝。

2 平底锅里加半大勺色拉油，加热，小火炒**A**，出香后改大火，翻炒至步骤1中的鸡腿肉变色。

3 加入步骤1中的其他食材，改中火，快速翻炒，依次加入**B**，翻炒。

4 加罗勒叶，翻炒，将青柠叶扭成4等份，除茎，揉搓后加进去，整体混炒。

5 小锅里倒大量色拉油，加热，将1个鸡蛋在小碗中打散，轻轻倒入锅里。注意不要让蛋白扩散开来。用锅铲翻面，炸至边缘变脆。另一个鸡蛋也是同样炸法。

6 盛温热米饭入盘，做成圆形。再做一盘，分别浇上步骤4中的食材，并加入步骤5中的鸡蛋。

材料（4~5人份）

鸡腿肉..................................500g
泰国米..................................450g

A ⎰ 水..................................1L
  水..................................1L
  大蒜（碾碎）......................3片的量
  香菜根（碾碎）..................4根的量
  鱼酱..................................1大勺
  细砂糖..............................2小勺
  泰式生抽..........................2小勺
  盐..................................半小勺

豆豉汁（右下）.....................全部的量
配菜：
黄瓜（装饰切→第151页）•番茄（切成半月形）
•香菜（切段）.......................各适量

泰国 主厨建议

煮鸡肉的时候，不要放太多水，用放过调味料的水煮。些许的鲜美也会转移到香草上面。因为米饭和小菜一次就都聚齐了，所以有大量客人的时候很方便。这道料理不需要使用餐桌上的调味料，直接搭配豆豉汁就可以。鸡肉冷却后可切得很漂亮。

鸡肉蒸饭

用鸡肉汤蒸出来的米饭，吸收了汤汁的鲜美。搭配发酵过的大豆的醇厚豆豉汁一起食用。加上泰国的装饰配菜，泰式风情倍增！

1
在锅里煮沸Ⓐ，加鸡腿肉，中火沸腾后舀去浮沫，改小火，煮20分钟左右。

2
取出鸡肉，用滤网过滤汁水，冷却。冷却后，轻轻洗下泰国米，倒入饭锅里，加入3杯鸡汤。煮沸后搅拌，再蒸煮。

3
碗里盛米饭。将步骤2中的鸡肉切成1cm宽，和黄瓜、番茄一起装盘，加上香菜、豆豉汁。

豆豉汁的做法

用大豆做成的调味酱汁，加上香味蔬菜，更添风味。有一种浓缩的魅力。也可在食用沙拉、涮猪肉时使用。

材料（约半杯的量）

大豆生抽..............................60g
大蒜（切碎）..........................15g
生姜（切碎）..........................20g

A ⎰ 细砂糖..........................2$\frac{1}{3}$大勺
  汤..................................2大勺

B ⎰ 生红尖椒[1]（切碎）..........1根的量
  辣椒酱[2]..........................25g
  芝麻油..........................$\frac{2}{3}$大勺

※1 一种叫作Plikk Kee Noo的长2~3cm的超辣辣椒。
※2 加入大蒜的超辣酱。若是没有，也可使用生红尖椒。

❶大蒜、生姜轻轻过水。
❷碗里放入大豆生抽，碾碎大豆，加Ⓐ混合。
❸在❷里加入❶和Ⓑ，充分搅拌。

保存：冷藏可保存约1周。

1 将猪腿肉切成1.5cm的丁。倒1小勺色拉油入平底锅加热，用小火炒Ⓐ出香，按猪肉、Ⓑ的顺序加入翻炒。使用半份。

2 将香肠切成1.5cm的丁，多倒些色拉油，炸炒，沥干油，放一边。

3 倒1小勺色拉油入平底锅加热，倒入蛋液摊薄皮，散热后切丝。

4 用水将干虾泡软后，拭去水分，多倒些色拉油，翻炒，沥干油。

5 在热米饭里加虾酱，搅拌。在平底锅里倒1大勺色拉油加热，炒米饭至粒粒分开。加入Ⓒ一起炒。

6 将步骤5中的食材盛入盘子中央，团成半球状。再做一盘，将步骤1～4中的配菜、生红尖椒、小洋葱、芒果、香菜、酸橙各自摆好作为装饰。

虾泥拌饭

这是一盘会让你觉得拌起来吃太浪费、配菜很漂亮的料理。混合搭配了各种口感和味道，拌了虾酱的米饭又会让你体验到一种从未有过的味道。

材料（2人份）

温热米饭 250g

食材

Ⓐ
| 猪腿肉 .... 200g |
| 大蒜（切碎）............... 1大勺 |
| 小洋葱※1（切碎）.... 半个的量 |

Ⓑ
| 椰糖 .... 25g |
| 大豆老抽 .... 5g |
| 大豆甜酱油※2 .... 12g |
| 鱼酱 .... 1大勺 |

香肠※3（有的话）............... 30g
蛋液 1个的量
干虾 10g
生红尖椒※4（斜切）.... 1根的量
芒果（切成1cm的丁）........ 10g
酸橙（去皮，切成1cm的丁）
.... 1/16 个的分量
香菜（切段）..................... 5g
小洋葱（切薄）......... 半个的量
色拉油 .... 适量

虾酱 1小勺半

Ⓒ
| 细砂糖 .... 一小撮 |
| 盐 .... 一小撮 |
| 胡椒粉 .... 少量 |

色拉油 .... 适量

※1 可用干葱头代替。
※2 一种比老抽糖分更高，用作调甜味的酱油。
※3 一般使用一种叫作 geun-chan 的泰国香肠。
※4 一种叫作 Plikk Kee Noo 的长 2 ～3cm 的超辣辣椒。

 泰国　主厨建议

有很多食材，实际上在泰国种类更多。摆放方法没有规则，只要颜色好看即可。顺便说一句，本图片从右上角的蛋丝开始顺时针，依次是香肠、猪肉、生红尖椒、芒果、酸橙、干虾、香菜和小洋葱。

全都拌到一起食用

色彩丰富的装盘给予人视觉上的享受。都拌到一起食用，各种味道和口感都在一起，永远都吃不腻。

柠檬草炒饭

柠檬草的清爽和芳香充满整个口腔，吃完后胃也没有负担。若是可以买到，使用泰国的jasmine大米，既粒粒分明，香味又很正宗。

材料（2人份）

热米饭（泰国大米）
....300g

Ⓐ ┌ 柠檬草（粗的部分。切碎）
│ 1根的量
└ 色拉油...................半大勺

蛋液.........................1个的量
香肠.........................20g
鱼酱.........................1大勺
甜辣酱.......................1小勺
色拉油.......................1大勺

顶部：
青葱（切小段）·香菜·干洋葱.......................各适量

越南 主厨建议

柠檬草可以在每次用的时候切碎，也可以浸油，保存更方便（见右下）。炒饭前，将配菜和鸡蛋混合，米饭温热容易搅拌，也不会出现奇怪的黏液，很清爽。

1 将香肠切碎。

2 倒Ⓐ入锅开火，油热后翻炒，加米饭混合。蛋液也加一半，拌均匀。

3 平底锅里倒色拉油加热，大火炒步骤1中的食材。

4 油铺满锅，倒入剩余蛋液，快速翻炒。半熟状态后，加入步骤2中的食材，炒至米粒颗颗分散。

5 将鱼酱浇满整体，翻炒，出香后加甜辣酱翻炒均匀。装盘，顶部撒配料。

油腌柠檬草

柠檬草用不完的时候，切碎泡在油里，可保存1周左右。可用在炒饭、柠檬草包牛肉（→第78页）、柠檬草烤鲣鱼（→第81页）等料理中。和食性相投的鸡肉一起炒的时候，鸡肉过火后，再加容易烧焦的柠檬草。

柠檬草粗的部分切碎入锅，倒入刚好没过的色拉油，开火。油热开始冒泡，关火。在这个状态即可食用。

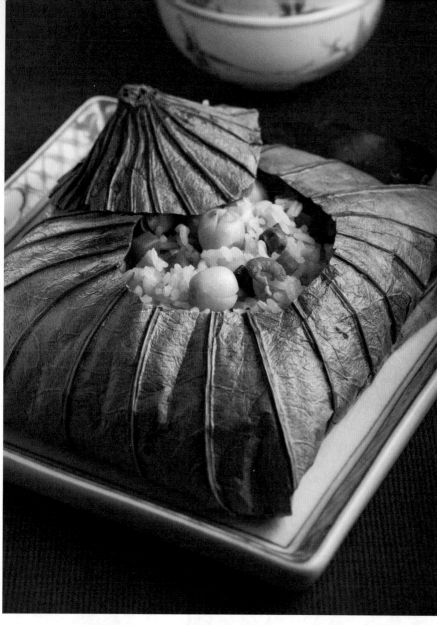

越南经典的包饭之一，莲叶包裹起来的米饭，人多的时候请一定要尝试。莲叶的香味渗透到米饭里，让你充分感受亚洲风味。

莲子饭

材料（4人份）

米（粳米）	360ml
莲子（干燥）	50g
Ⓐ 水	1杯半
盐	1小撮
香肠※1（切成7mm的丁）	40g
胡萝卜（切成7mm的丁）	40g
长葱（切成粗末）	10g
青豆（罐装）	40g
干虾	20g
色拉油	²⁄₃大勺
莲叶※2（干燥）	1张

※1 可用培根（切成1cm的丁）代替。
※2 参照右侧的方法泡开。

越南 主厨建议

莲叶若是干燥的，整年都可以买到，很方便。如果能拿到新鲜的叶子，请一定要试试。可以闻到清爽的香气。还有，干燥的叶子边缘容易碎掉，买回来不用的时候请一定要注意！干燥的莲子，很容易可以买到。

1 干虾用水（份量外）泡开。将泡的汁放在一边备用。米洗完后，将泡开的汁和适当的水倒入饭锅蒸煮米饭。

2 锅里放入莲子和Ⓐ，开中火煮至变软。

3 倒色拉油入平底锅，翻炒胡萝卜、香肠和长葱。整体淋油后，加入青豆和步骤1中的干虾翻炒，加入步骤1中的米饭炒均匀。

4 展开泡开的莲叶，在中央放上步骤2和步骤3中的食材，折成四角形，整理四角，蒸锅冒蒸汽后将折缝处向下放入，中火蒸煮10分钟左右。

5 装到盘子中间，中央部分用剪刀剪圆形，去掉，错开盖上。

泡开莲叶的方法

干燥的叶子容易破，所以处理的时候要小心一点。新鲜的莲叶，直接做即可。

❶ 在大锅里倒满水，莲叶就这么叠着，浸茎部入水，使其变软。

❷ 茎部变软后就可以延展开来，慢慢展开。表面加水，使其变软。只在其表面加水即可。

绿豆饭

越南人的经典早餐就是这款饭。其中的基础配菜是绿豆。因为是加绿豆汤蒸煮，所以虽然很简单，但是风味很丰富。一定要铺上干洋葱头，添其风味。

材料（2～3人份）

糯米（有的话，用长粒米）
..........................270ml
绿豆（带皮、干燥）..........50g
水..........................1杯
干洋葱头·花生（粗碎）·盐·
砂糖※..........................各适量

※ 盐和砂糖按1:1混合。

1 糯米洗完后，在水（份量外）里浸泡3个小时以上。

2 绿豆大致洗一下。锅里水沸后煮绿豆，盛起滤汤，在水里煮10分钟左右。用滤网捞起，沥干水分。煮的汤放到一边。

3 将步骤1中的糯米水分沥干，和步骤2中的绿豆一起放到已出蒸汽的蒸锅上蒸30分钟。途中，加入步骤2中的煮汤。

4 将香蕉叶卷成漏斗状，盛入步骤3中，蒸好的糯米撒上顶部配料。

越南 主厨建议

在越南，用香蕉叶包糯米做成粽子，在正月吃。虽然是节日食用，但平时可作为早饭食用。有趣的是，地方不同，其形状也不同。北部是分小份包成四角，中部和南部包成大筒状。都用竹绳扎好、分开。

汤

冬阴功汤

世界有名的三大汤之一。初尝时会因其辛酸辣味儿而大吃一惊，但时间久了便会沉迷于其悠长的辛辣味。使用有头虾是其精髓，可调制出丰富的味道。

材料（2人份）

有头虾..4只
扇贝..2个
袋茸※1（水煮罐头）............................70g
柠檬草（粗的部分）................................5g
姜※2...5g
青柠叶..2片
生红尖椒※3（斜方向对半切）............1个
鸡肉炖汤..2杯

A　鱼酱..............................2²⁄₃大勺

　　细砂糖..1大勺

　　辣酱......................................1小勺半

B　酸檬榨汁..........................2大勺

　　大豆汁..大勺

香菜（切大块）..................................适量

※1 可用蘑菇和杏鲍菇等类似食材替代。
※2 泰国生姜。
※3 一种叫作 Plikk Kee Noo 的长 2～3cm 的超辣辣椒。

泰国　　主厨建议

谈起泰国料理首先想到的就是冬阴功汤。现如今，其酸辣味应该已俘获了不少人。汤基本都给人一种需要长时间烹饪的印象，但这个汤却分分钟就能做好。因为在家也能简单做出来，所以请掌握它的做法。要去除油脂沫，但精髓的部分不能被丢弃，所以最开始稍稍去除一些就可以了。

1　袋茸纵切后过水焯一下，然后置入冷水中。将柠檬草和姜斜向切薄片。青柠叶4等分之后，除掉叶脉。

2　将有头虾保留其头跟尾，去壳。从背部入刀，去除肠线。扇贝横向切成两半。

3　锅内倒入鸡肉汤，开大火，再加步骤1中的柠檬草、姜和生红辣椒。青柠叶捏揉之后再放入。

4　煮开之后加入步骤1中的袋茸、步骤2中的虾及扇贝，再烧开，然后去除油脂沫，加**A**。

5　加**B**并关火，装盘，撒香菜。

调味稍重，结合米面，便能呈上一份最适合午餐的面料理。　　**冬阴功汤面条**

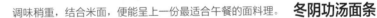

材料（2人份）

米粉面（→第113页）............110g
带头虾..4只
扇贝..2个
袋茸（水煮罐头）....................70g
柠檬草......................................10g
姜..15g
青柠叶..3片
生红尖椒（斜对半切）............2个

鸡肉炖汤....................................3杯

A　鱼酱..............................6大勺

　　细砂糖..2大勺

　　辣酱..2大勺

B　酸檬榨汁..........................3大勺

　　大豆汁..2大勺

豆芽..80g

香菜（切大块）......................适量

❶ 将米粉面在20℃的水中浸泡40分钟。

❷ 用豆芽及点缀以外的材料便能做出同冬阴功汤一样的汤。

❸ 豆芽过水焯一下之后，置于冷水中。

❹ 将❶用水煮约20秒，去除水气，装盘，加❸，倒上热的❷，撒香菜。

材料（2人份）

鸡腿肉...............................100g
袋茸 ※1（水煮罐头）...............100g
小土豆..4个
柠檬草（粗的部分）.................10g
姜 ※2..15g
青柠叶....................................3片

A ┤ 椰奶 ....1罐（400g）
    └ 鸡肉炖汤.........................280ml

B ┤ 洋葱（捣碎）...................10g
    │ 大蒜（捣碎）...........1片的量
    └ 香菜根（捣碎）.........2棵的量

C ┤ 鱼酱.............................3大勺
    └ 细砂糖.........................1大勺

D ┤ 榨柠檬汁.......................2小勺
    └ 大豆汁.........................1小勺

顶部：香菜（切大块）·辣椒末
...............................各适量

※1 可用蘑菇和杏鲍菇等类似食材替代。
※2 泰国生姜。

泰国　　主厨建议

这道汤的要点是不要从最开始到最后都烧开，要用慢火。椰奶沸腾会分离而变得油乎乎，所以请注意。鸡肉和袋茸要在调理前过水焯一下，因此将煮椰奶的时间缩短，椰奶就不易分离，油脂沫也会变少。不用鸡肉，而用虾也会很美味哦。

椰奶汤

以为是甜点？！但却是一道酸味浓郁的鲜汤。使用了大量的蔬菜，后味爽口。

1

袋茸纵切后过水焯一下。鸡腿肉切成一口可吃的大小，发生颜色变化后转为小火。小土豆纵面对切，将柠檬草和姜切成薄片。

2

往锅内加**A**，用中火慢慢搅拌加热。加**B**，再放入步骤1的柠檬草和姜，青柠叶4等分之后去除叶脉，捏揉之后加入。

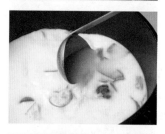

3

注意不要烧开，同时加**C**、步骤1中的小土豆、袋茸以及鸡肉。

4

慢煮，去除油脂沫。

5

鸡肉过火之后加上**D**组材料，关火、装盘，撒上顶部配料。

酸鱼汤

鱼的鲜美和罗望子的酸味搭配，是款配菜很多的汤。即使没有食欲的时候，也会不可思议地吃得很多。也可以淋在米饭上作茶泡饭。

材料（4人份）

鰤鱼（肉块）		160g
A	鱼酱	1大勺
	青葱（靠近根部的白的部分。切小段）	2根的量
番茄（大）		1个
豆芽		200g
小洋葱※		1个的量
胡椒粉		少量
汤		4杯
B	盐	2少量
	砂糖	1大勺
罗望子		20g
鱼酱		2大勺
色拉油		2大勺
顶部：青葱（切小段）·香菜（切段）		各适量

※1 可用青葱靠近根部的白色部位代替。

越南 主厨建议

选用白身鱼也可做得美味。这是在越南夏季食欲不振的时候，可以每天都吃的料理。因为有很多配菜，所以只有米饭和汤就能吃得很满足。将鱼取出，放在小碟子里，淋上鱼酱，当作小菜食用后，将汤淋在米饭上食用亦可。喜欢酸的口味的人可以多使用罗望子。

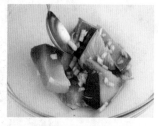

1　将鰤鱼切成容易食用的大小，用海水浓度（3%）的盐水（份量外）清洗，拭去水分，放入碗中，加**A**，拌匀。

5　沸腾后改中火，将罗望子放在汤上，浸泡数秒，直至变软。不要弄碎。

2　将番茄切成半月形，豆芽去除根部，小洋葱切粗碎。

6　将罗望子放入碗里，倒少量汤，使其变软并捣烂。

3　倒色拉油入锅加热，中火炒步骤2中的小洋葱直至出香，加步骤1中的食材，注意不要弄碎，两面烤至金黄色。加胡椒粉，大致翻炒。

7　在步骤5中只加入步骤6的汁。再次取少许汤至罗望子的碗里，充分搅匀，只倒汤汁入锅。

4　加入番茄，注意不要炒碎，加汤和**B**，开大火。

8　加入豆芽和鱼酱，煮沸后立刻关火，装盘，撒上顶部配料。

材料（2人份）

黄麻	$\frac{1}{4}$束
去皮虾	20g

Ⓐ
小洋葱※（切碎）	半个的量
鱼酱	半小勺
盐	少量
粗黑胡椒	少量
水	1杯半
鱼酱	适量
干洋葱	适量

※ 可用青葱靠近根部的白色部分代替。

![越南] **主厨建议**

黄麻过度加热会变色，所以吃之前做，沸腾后立刻关火吧。在越南，除了黄麻也会用水芹等青菜做。十分简单又营养丰富的汤，请做做看。

黄麻汤

配菜和虾的鲜美，加上鱼酱带着的咸香。这样就已经很美味了。黄麻又带着微润口感，更增醇厚。

1
用菜刀将去皮虾剁粗碎，放入碗中，加Ⓐ，揉搓拌匀。夫除黄麻根茎硬的部分，充分洗净后，沥干水分，切成1cm宽。

2
锅中加水，沸腾后用勺子加步骤1中的虾，一点点舀，用手指推入锅。加1大勺鱼酱。

3
沸腾后，加入步骤1中的黄麻。

4
再次沸腾后立刻关火。味道略淡的话加鱼酱。装盘，撒上干洋葱。

1 将苦瓜切成2cm宽的轮形，去除种子和瓜瓤，用盐水（份量外）焯2～3分钟，盛起。

2 拭去水分干燥后，内侧用毛刷轻刷淀粉，塞入馅。

3 锅里加水，开大火，沸腾后放步骤2中的食材并煮沸。改小火，10分钟左右后，翻转，改中火。

4 加Ⓐ，煮沸后，装盘，撒上顶部配料。

越南　主厨建议

　　重要的是，苦瓜和肉的一体感。苦瓜内侧水分完全去除，干燥后，用毛刷轻轻刷上淀粉吧。不过要注意的是，淀粉太多会溶解在汤里，使汤变得黏稠。馅做多了塞不完也没关系，可做成肉丸放进汤里。鲜美多汁，也很好吃。这道料理在塞肉之前可以提前做一些准备工作，所以在招待客人的时候提前准备一下就好，也很方便。

苦瓜塞肉汤

苦瓜的苦和清凉感，肉或虾的鲜美，口感非常有层次的一道汤。每人一份，很容易分食，所以很适合招待客人。

材料（2～3人份）

苦瓜 1根
淀粉 .... 适量
馅※（→第50页）.................. 一半的量
水 2杯半

Ⓐ	鱼酱 .... 半大勺
	砂糖 .... 半小勺
	盐 .... 少量
	粗黑胡椒 .... 少量

顶部：香菜・青葱（切小段）
.... 各适量

※ 请参照第50页。

青木瓜汤

青木瓜的微甜和猪肉浓厚的鲜美在口中扩散，营养丰富、可以吃的汤。在越南，作为孕妇的滋养汤来食用。

材料（4人份）

青木瓜	150g
猪蹄	2只
盐	适量
柠檬汁	1大勺
水	4杯

青葱（接近根部的白色部分。切小段）
....3根的量

A 鱼酱..................................1～1.5大勺
　　砂糖......................................半小勺
　　盐..少量

粗黑胡椒粉..................................适量
顶部：香菜・青葱（切小段）
....各适量

1 猪蹄用盐揉搓洗净，抹上柠檬汁。用水清洗，分成2～3等份。

2 青木瓜参照第63页的方法去皮，去除瓜瓤后切块。焯水，用滤网沥干水分。

3 锅里放水，开大火，沸腾后放入步骤1中的猪蹄，改中火煮约30分钟，煮至用竹签刺时，感到其变软为止。

4 加入步骤2中的食材和青葱的白色部分，改大火，沸腾后改中火，舀去浮沫，煮20分钟至其煮烂。

5 加**A**，关火，装盘，撒上黑粗胡椒粉和顶部配料。

越南 主厨建议

　　青木瓜只做沙拉（→第62页）也就很好吃。这道料理，猪肉的鲜美渗入青木瓜，汤中又有淡淡的甘甜，相辅相成，愈加美味。只是煮的时候，汤咕噜咕噜沸腾后容易变浑浊，请注意，浮沫也要去除干净，以做出清澈的汤为目标。鱼酱加热的话风味会流失，所以加上后，立刻关火装盘吧。

芒果茶

柠檬草茶

茉莉花茶

可让人放松下来的柠檬草茶。清爽、香气十足的茉莉花茶。酸甜水果香的芒果茶。无论哪一种都是很容易买到的茶包。找到你喜欢的，享受治愈系的饮茶时光吧。

一天当中，有时也想要好好地休息一下。吃着甜点，喝着可以放松的饮料，和人聊天，是很享受的事吧。

在这样的时候，要是能品尝到喜欢的亚洲味道就赞爆了！我们请各店的主厨们为我们介绍了广受喜爱的点心和饮料的做法。完美的休闲时间开始啦。

东南亚下午茶时间

芒果布丁

使用浓厚的果酱和果肉的奢侈布丁。因为是用作了店名的水果，所以主厨对这道甜点也是格外用心与讲究。

材料

（直径9cm的形状4个的量）

芒果肉	100g
A 芒果果酱	220g
水	2大勺
细砂糖	10g
明胶	10g
B 蛋黄	40g
细砂糖	60g
牛奶	$\frac{3}{4}$杯
C 椰奶奶油	10g
柠檬榨汁	$\frac{2}{3}$大勺
酱	
D 芒果果酱	40g
细砂糖	$\frac{2}{3}$大勺
柠檬榨汁	少量
君度酒	少量
开心果（细碎粒）	少量
顶部：	
鲜奶油（加少量细砂糖打泡）·	
喜欢的水果	各适量

1 明胶用冷水泡开。芒果果肉切成1cm宽。

2 加**A**入锅，煮沸后关火，将步骤1的明胶沥干水分加入，融化后用滤网过滤，散热。

3 往碗里倒入**B**，用打泡器充分搅拌。在锅里煮沸牛奶，往碗里一点点边搅拌边添加。倒回锅里，开小火，用木铲搅拌，煮至黏稠。

4 将步骤3中的食材用滤网过滤，放在冰水里冷却，一点点添加至步骤2中，用橡胶铲搅拌。

5 按顺序添加步骤1中的芒果、**C**，每添加一次都搅拌均匀，倒进器皿，放入冷藏柜冷却凝固。

6 在小锅里加**D**，开小火，融化细砂糖，稍稍熬化后，关火冷却。加入君度酒搅拌，放入冷藏柜冷却后，加开心果。

7 将步骤5中的食材从模型器皿里倒出，盛盘，加入步骤6中的食材，放上顶部配料。

泰国的下午茶时间

以泰国为首，亚洲的点心基本上都是甜的。比如，在泰国街头经常看到丰富多彩、堆了好几层的菱形糕点、木薯椰奶、芋头蛋糕、炸香蕉等，实在是丰富多彩。在泰国，据说点心专卖店会一直营业到深夜，且客人也会有很多。

不能忘了的还有香草茶。其种类之多让人震惊，可据其美容、调理肠胃、缓解疲劳、放松等效果来选择。当然其颜色也很美，如果几个人喝不同的饮料，餐桌就会被点缀得很漂亮！只要看一眼，心情就会很愉悦。总之，因为是炎热的国家，所以水分补给不可或缺。

奶茶

玛萨拉茶

印度奶茶

用牛奶做出来的奶茶。想要做成浓茶时，推荐牛奶和水的比例为7∶3。

材料（4人份）

牛奶·水 各1杯半
红茶叶※·砂糖 各2大勺

※ 奈尔用的是短时间内即可泡出浓度的CTC制法的阿萨姆奶茶。

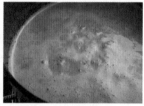

锅里倒入除砂糖以外的材料，大火煮沸后，改小火煮2～3分钟。注意不要漫出，偶尔搅拌，将锅端离火来煮。放入砂糖搅拌，滤出茶叶。

玛萨拉茶

放香料（玛萨拉）的奶茶。根据心情及身体状况选择香料。要感冒的时候，还可以加黑胡椒。

材料（4人份）

牛奶·水 各1杯半
红茶叶※·砂糖 各2大勺
生姜（碾碎）..................... 1片
豆蔻·丁香 各3粒

和印度奶茶的做法一样，放入除砂糖以外的所有材料。做好后，放入1人份的杯子，交互地从高处往杯子里多次倒入，使其起泡。

印度的下午茶时间

在很会使用香料的印度，将豆蔻、桂皮放入烘烤点心或甜点，蔬菜、水果、坚果做成的简单点心或零食非常多。

另外，说起印度，还有用牛奶加温做出来的奶茶和酸奶饮品"奶昔"。茶是早晚喝的，奶昔则多作为小零食食用。大街上到处都有卖茶的地方，稍微想休息的话，来一杯，再来一杯。外出的话经常会喝。印度人很多的奈尔餐厅里也是，全员早晚都要喝一杯。奈尔说只有好好休息了，工作才能更加努力。没有冷茶。喝温暖的饮料，暑气就会消除，这是阿育吠陀式的思考方法。

黄桃拉西

清爽的甘甜，放入了引以为傲的水果。撒上一把豆蔻粉，口感更有层次，也很好吃。

材料（4～6杯份）

原味酸奶	200g
牛奶	1杯
黄桃※（罐装）	1罐（400g）
蜂蜜（据喜好）	1大勺

※ 芒果和橘子同样可以做。可据喜好调整甜度。使用新鲜水果的话，会分离，所以建议使用水果罐头。

将黄桃带汁一起倒入搅拌器，搅成拉西状。倒入剩余材料，搅拌顺滑。放入冷藏柜冷却，倒入放了冰的杯子里。

拉西

甜的酸奶饮品，可在醒来后，或者是吃完咖喱后来一杯，也可当作零食，随时食用，心情舒畅。

材料（2～3杯份）

原味酸奶	200g
牛奶	1杯
蜂蜜	4大勺
薄荷	1小撮

将所有材料放入搅拌器，搅拌顺滑。加入冰，倒入杯子。

拉西

黄桃拉西

材料（3人份）

豆花 300g
生姜浆※（易做的量）

| 三温糖 50g
| 水 ....半杯
| 生姜（拍打切碎）...........10g
| 柠檬榨汁.......................半小勺

※ 与第140页的生姜浆一样。

1 锅里加水和三温糖，熬至一半。加入生姜熬煮，变黏稠后加入柠檬汁。

2 豆花放进电磁炉稍加热，削薄放入碗中，适量加入步骤1中的浆汁。

姜水豆腐花

很容易治愈心情的味道。豆腐花稍加热食用的话，可以尝到大豆的甘甜，和生姜也很搭。

越南下午茶时间

　　越南的饮茶时间是和日出一起开始的。放了许多炼乳的杯子里，用专门的工具慢慢地倒入越南咖啡，可以享用1个小时，自在地交谈。之后才开始准备一天的工作。

　　虽然咖啡也很受欢迎，但其实从历史上来看，绿茶更为久远。如今各地都在栽培绿茶，出口贸易繁荣。以绿茶为基础的莲茶，是越南极具代表性的花茶。高级的花茶会多次混合雄蕊，转移茶香。

　　点心受到法国影响，从技艺成熟的烤制点心、蛋糕到从很久之前就开始做的，用米粉、木薯粉做成的糕点，各式各样，种类繁多。露天随意摆放的简易咖啡馆、小店里有很多。特拉·希·哈主厨给我们推荐的是嫩豆腐上撒了一层生姜浆的"豆腐花"，和中国的有很大的不同，口感和甘甜代表了越南的味道。

越南风味布丁

加炼乳是越南甜品的特色。加上碎冰一起吃的话，凉丝丝的是一种不可思议的口感。

材料（直径8cm的形状2个的量）

蛋液 1个的量

A		
炼乳 2大勺		
砂糖 2大勺		
椰奶※1 ....¼杯		
热水 ....¼杯		

焦糖

细砂糖 2大勺	
水 1大勺	
越南咖啡※2（→第139页）...........¼杯	
柠檬榨汁 ....半小勺	

冰（打碎的）.......................................适量

※1 分离的时候不计算，混好后计算。
※2 可用浓的速溶咖啡代替。

1 做焦糖。在小锅里倒入细砂糖和水，开中火。起泡后稍上色，改小火，加入越南咖啡，搅拌，稍熬煮。加入柠檬汁，关火，拌匀，趁热倒入定型器。

2 在碗里倒入Ⓐ搅拌，充分融化后加蛋液，充分搅拌，用细滤网过滤。倒入步骤1的定型器。

3 放入已经冒蒸汽的蒸锅，大火开3分钟，错开盖子蒸20分钟。冷却后，用牙签在定型器周围划一圈，倒入器皿，放上碎冰。

甜饮两种

越南代表性的甜饮，对身体很好，且可以养精气神。在冷的甜饮里加入碎冰，温的甜饮里加入芡汁，更温暖。

冷甜饮

材料（4人份）

绿豆（带皮。干燥）※......40g
莲子（干燥）........................20g
枣（干燥）..........................8颗
海带（切丝）..........................5g
龙眼（干燥）........................10g
焦糖
| 砂糖..............................80g
| 水................................2杯
米（磨碎）..........................适量

※ 用水泡1个小时左右。

1 在锅里用沸水煮绿豆约5分钟，滤网盛起，沥干水分。锅里稍加水，煮20分钟左右，直至其变软，滤网捞起。

2 莲子用盐水（分量外）充分揉洗，用热水煮5分钟左右，沥干水分。再往锅里加水，煮30分钟左右，直至其变软，滤网捞起。

3 用50ml温水浸泡枣、龙眼15分钟。海带用海水浓度的盐水（3%）揉洗，沥干水分。

4 锅里加入焦糖的材料，开中火，沸腾后连浸泡汁一起倒入步骤3中，煮沸，完全冷却。

5 往4个杯子里分别加入步骤1、2、4中的食材，放上碎冰。

热甜饮

材料（4人份）

绿豆（带皮。干燥）※	30g
水	1杯半
木薯粉	1大勺
砂糖	4大勺

A
玉米淀粉	半大勺
水	半大勺

椰汁
椰奶	40ml
砂糖	$^{1}/_{3}$小勺
盐	少量

B
淀粉	半小勺
水	半大勺

※ 用水泡30分钟左右。

1 锅里倒绿豆和充分的水，开大火，沸腾后煮2~3分钟，滤网捞起，清洗。

2 将步骤1中的食材倒回锅里，加一半水，开火。沸腾后加木薯粉。边稍稍加水边煮，至绿豆变软。

3 做椰汁。倒入除B以外的材料入小锅混合，开中火使其沸腾。加入B，充分搅匀，变黏稠后关火。

4 在步骤2里加砂糖溶解，加入A搅匀，变黏稠后关火。分别装入步骤2的器皿里，并加步骤3的食材。

材料（1人份）

越南咖啡粉	2大勺
炼乳	1~2大勺
热水	120ml

越南咖啡

搭配甜甜的奶香炼乳的微苦咖啡，是越南人清晨闲暇片刻不可或缺的搭档。

1 准备好咖啡过滤器，倒入越南咖啡粉，加按压板轻轻按压。

2 在耐热的杯里倒入炼乳，加少量热水蒸煮。

3 加一半的热水，咖啡基本沉底后，加入剩余的一半。

4 咖啡全部沉底后，移开盖子，在上面放过滤器。边搅拌边喝。

和特拉·希·哈主厨见面的时候，她拿出来和茶一起招待我们的是砂糖生姜。微微的甘甜带着生姜的辛辣口感。和茶很搭。在越南，据说正月的时候会做很多。因为是和柠檬一起慢慢熬出来的，所以味道很清新。

特拉·希·哈主厨教教你

独家拿手菜

砂糖生姜

煮出来的汤汁，可以做成融化在热水里的饮料、罗望子饮料（→第100页）、豆腐花（→第136页）的姜水、煮鱼的姜水等。

材料（易做的量）

生姜	500g
三温糖	500g
柠檬汁	1个的量

❶ 充分清洗生姜，用切片机将其切成薄片。锅里水沸腾后，放入柠檬汁，生姜煮20分钟左右。滤网捞起，沥干水分。

❷ 将步骤❶中的食材倒入锅里，拌入三温糖，放一晚。

❸ 到砂糖完全融化，生姜出水的状态时，开中火。

❹ 将生姜做成甜甜圈形状，中间留一个圆形，使煮汁在中间。偶尔舀起煮汁，浇在四周，用中火熬煮。

❺ 熬煮至沸腾的状态。在这种状态下，继续熬煮至煮汁稍微黏稠。

❻ 用滤网捞起，沥干煮汁。煮汁作为姜水保存。

❼ 将生姜摊开。趁热未粘在一起时，将其一个个分开，冷却。

东南亚料理的便利指南

在这里给大家介绍为制作各位主厨们所教的东南亚料理，必须要知道的、食用此料理时的基础知识。有什么不明白的地方可以参考本章节。一起来做美味的料理吧！

东南亚料理味道的
蔬菜&香草·调味料食材·香料图鉴

在本书所使用的食材中，有一些是平时在超市里找不到的，但是这些又是做出正宗味道的关键。可以尝试去搜集一下。现如今，专卖店和网络上也有卖的了，变得更加方便。

香菜

东南亚料理中都有使用，是代表亚洲的一款香草。叶和茎经常作为料理、药用和顶部配料使用，增添了色彩和独特的香味。在泰国料理中，香菜根也是很重要的食材。

生红尖椒

红色和青色的都是一样的。青尖椒成熟后就变成了红色。泰国产的一般都是进口冷冻品。尖椒一般越小越辣，越大越甜。本书中所提到的生红尖椒是很辣的 Pikk Kee Noo 和约 8cm 长的不是很辣的 Chifa。生青尖椒可用青椒代替。

柠檬草

大家所熟知的柠檬草主要是用干燥后的叶子做成的饮料。在泰国和越南，一般都是用新鲜的。从根部到茎部的白色部分，切成薄薄的小段生吃，或者入油翻炒，转移其香味。

水水的绿色和新鲜的香味，舒心的口感，生吃也很美味。为东南亚料理带来活力的几款蔬菜和香草。

圣罗勒

清爽的香味，和肉类料理经常一起使用，是本书中鸡肉盖饭不可或缺的材料。

薄荷

清新通鼻的香味。在越南多使用荷兰薄荷。扭下叶子，放在沙拉或者生春卷里，为料理增添风味，不可或缺。可以从超市买到，也可在家庭菜园种上几棵。

甜罗勒

拥有和圣罗勒不同的清凉香味。可以买从泰国进口的冷冻品或者本土栽培的新鲜甜罗勒。

小洋葱

直径2cm左右的红色小洋葱，有干葱头的清爽香味。可以放入沙拉生吃，或者作为酱汁的基础味道。在泰国和越南料理中，被当作珍宝一样使用。

锯形香菜

和香菜是不同的品种，外形也不一样。有和香菜类似的香味，或者说香味更强。叶子有20cm左右的长度，头部像刺。也叫作Long coriander。

青柠叶

泰国料理中经常使用的香草。清爽的柑橘系香味。叶子较硬，除了使用其添香外，还会切碎做馅料。用手就可以使其出香，多加在料理中使用。

空心菜

茎的中央呈空心的一种带叶蔬菜。大火翻炒，脆脆的茎的口感和沙沙的叶子可同时享用是其一大魅力。

南姜

生姜的一种，英文叫作"Galangal"。比普通的生姜更香且涩。多在汤中使用。

青木瓜

未成熟的木瓜，在泰国料理和越南料理中多作为蔬菜使用。皮是青色的，整体是硬的，果肉清爽微甜，沙沙的口感是其魅力。重要的是，要仔细清理干净其种子和瓜瓤。瓜瓤没去净的话会有苦味，影响料理的口味。

草菇

纵向切半，就像是袋子里有帽子一样的小小的蘑菇。中国料理中也经常使用。

仔姜

生姜的一种。有生姜的辣和牛蒡的香，多用于消除鱼腥。

芥蓝菜

茎部非常鲜脆，经常和面、肉料理一起炒。也会和猪肉、蔬菜一起炒。

食材

米皮

因越南生春卷皮而被人所熟知。
用水溶解米粉和盐，薄薄地碾
平，做成圆形，干燥。也有放木
薯粉的。尺寸也各种各样。

河粉

用泰国米粉制作而成的。河粉的宽度大约是
1～3mm，中等粗细，汤面、拌面、炒面，
无论哪一个都很合适。在泰国也有很高的人
气。米粉的宽度为10mm粗细时，很劲道，
适合稍微浓点的配料。一般会做成炒河粉。

椰奶，椰粉

椰子成熟果实中的纯白胚乳，碾碎后加
水，充分揉压，榨出来后的奶状物。椰子
风味醇厚，油分富足。罐装加水后调整油
脂比例。咖喱、汤和甜点都将其当作珍宝。
开罐后，当天用完。椰粉是加热水就成了
椰奶的速食食品。虽然比椰奶稍淡一
点，但也可说成是比较中性的椰奶。和椰
奶相比，其可保存性也比较高。

米粉面

用越南米粉做的米面，经常被用
在面料理中。100%的米煮过后
带透明感，有的也会放入木薯
粉。宽度有很多种，都叫作"米
面"。

Bun

用越南米粉做的细面。滑滑的，
软软的，很容易入味。不仅是面
料理，也可代替米饭和小菜一起
食用。是越南最流行的餐点
之一。

椰丝，椰蓉

椰子成熟果实中的纯白胚
由乳碾碎干燥而成。在点
心材料店里有卖。据形状
不同，分为细长的椰丝和
细碎的椰蓉。买的时候注
意，不要和椰粉搞混。

调味料

越式鱼酱

泰式鱼酱

老抽

用泰国大豆酿造的液体调味料，类似酱油。生抽直译过来就是"白酱油"，味道较清爽。老抽即在生抽里加了很多糖蜜和盐做成的甜稠酱油，颜色很浓，直译过来就是"黑酱油"，用于调料理的口感层次。

生抽

越式鱼酱口感较清淡。用盐腌制沙丁鱼等小鱼，发酵，取其上部澄澈液体。有成熟的鲜味和醇厚的盐分，其自身就是一道酱汁，是东南亚调味的基础。据生产地和商品不同，其风味和盐分也不尽相同，选用容易入手的即可。但是咸味有点重，请边品尝边使用。

以生蚝精华为底料做成的带甜味的调味料。本书中的菜谱里，使用的是泰国产的。比中国产的稍甜，盐分也稍少。颜色清淡、稠滑。经常用于中式料理。

大豆汁

和鱼酱一样，是泰国家庭不可或缺的调味料。以大豆为原料，在浓厚的酱油里混入砂糖和盐而做成的。用于调料理的口感。

大豆酱

蚝油

以大豆为原料做成的糊状调味料。酱汁里有发酵的大豆颗粒。虽然较咸，但加了砂糖，所以味道比较中厚。加在料理里，添加了大豆独有的口感和深层鲜美。因为很容易坏掉，所以开封后请放在冷藏柜保存，尽早用完。

泰国和越南有鱼酱和罗望子等共通的调味料。并且，在泰国也有以中国调味料为基础增加了独特风味的调味料，使用了辣椒的辣味调味料等，种类丰富。印度的调味料是盐。推荐使用精制盐。

虾酱

用盐腌制小虾（虾米），发酵后捣烂成糊状的调味料。有鲜咸的味道，加热后香味更浓。只要一点点就能发挥威力，所以经常作为底味使用。也称作虾膏。

甜辣酱

泰国的味道，"辣•甜•酸"一体化的稠酱。因为味道均衡，所以与其说是当作调味料使用，不如说是在餐桌调味或油炸蘸酱中经常使用。经常用作鸡肉或生春卷的蘸酱。

辣椒酱•调味油

在油里腌制干虾、干燥辣椒、小洋葱、大蒜糊等，加入罗望子、砂糖、盐等调味。味道均衡是其魅力，加了油又使其味道相融，可让人享受到泰国所有的味道。并且，其上部澄澈部分可作调味油。没有看上去那么辣，请安心使用。

罗望子

分布于东南亚的豆科植物。本书所使用的是成熟的豆芽做成的调味料。成熟后会变成红茶色的坚硬块状，用热水泡开，使用融化了的液体，有强酸味，微甜，在东南亚料理中都有使用。

绿咖喱粉

使用了泰国最辣的青尖椒，辣味强烈。除辣椒以外，基本上是和红咖喱相同的材料。多和椰奶一起使用。

红咖喱粉

是泰国红咖喱的底料和炒菜调味料中的珍宝。用干燥的红尖椒、大蒜、柠檬草、小洋葱、青柠叶等捣成糊状。味道复杂，和绿咖喱相比，较温和。

黄咖喱粉

三种咖喱粉中最温和的，带甜味，材料以丁香、姜黄、肉豆蔻等香料为主。多不使用辣椒。

咖喱粉

做泰式咖喱很方便，在市场上也很容易买到。

孜然

芹菜科的一年生草木。可刺激食欲，咖喱香就源于此。微苦、微辣，味道较均衡，所以适合初学者使用。有粉末状的孜然粉和粒状的孜然粒，用油翻炒，孜然粒四周有泡是其出香的标志。

丁香

木犀科植物干燥后的花蕾。有独特的香气，消除肉类腥臭功能显著。与其甜香相反的是，咀嚼会有刺激性的苦涩和辣味，所以即使放进料理里也不能食用。只需少量就能有功效，所以需要严守分量使用。也有粉末状的。

豆蔻

姜科多年生草木，有清爽的香味。在弹出豆鞘前收获，干燥。粉状物是取豆鞘中的种子磨成粉状而成。豆蔻用油翻炒，膨胀是其出香的标志。虽然香味很好，但是苦涩，不能食用。和甜味料理很搭。

卡宴胡椒粉

辣椒成熟、干燥后，将其果皮磨成粉状。辛辣和辣椒特有的酸甜香气是其特征。

红辣椒

南美原产的茄科辣椒。果皮成熟，干燥后，碾磨成粉状，完全没有辣味。可感受到酸甜香气，微苦。溶于油，带色素，即使加热也不会有损其鲜艳的色彩，经常用作上色。

葫芦巴

豆科一年生草木，干燥，种子磨碎加在咖喱里是很正宗的味道。微苦，翻炒后甜香强烈。也有整颗的，作为香草使用。

格拉姆玛萨拉

印度料理中不可或缺的混合香料。没有辣味，用于增加风味。多以丁香、豆蔻、桂皮为基本材料，加上孜然、芫荽。香料的种类和比例没有特别规定，可以随意搭配。

印度料理中不可或缺的食材。虽然不全都是会频繁使用到的东西，但只要用上，味道就会大有不同。
开封后放入密闭容器或放入保存袋常温保存。
冷藏的可能会有湿气，所以不要放进冷藏柜。

芥子豆

芥子菜的种子。微苦，并带有刺激性辛辣，在南印度经常使用的一种香料。用油翻炒时，盖上盖子，啪啪声停止是其香味转移的证据。其颜色有黑色、褐色、黄色和白色，本书中使用的是褐色的。

桂皮

樟科樟属树皮干燥而成。清爽，微甜，香气宜人。虽然经常用在点心中，但在印度，为使咖喱味更加鲜明也会使用。

芫荽

香菜的种子干燥后碾成粉末状，是咖喱的基本香料之一。味道没有叶子那样重，微甜温和的香气很受印度人的喜欢。即使是用很多，也对味道没有多大影响，可大量购入。也有非粉末状的芫荽。

红尖辣椒

成熟辣椒的干燥物。种子有很强的辣味，切碎后带种子一起加入料理会超辣。用油翻炒，酸甜的香味和辛辣都可转移。用油翻炒后的颜色很好看，所以经常用作装饰物。

香叶

由樟科长绿叶烘干而成。在西方料理中，多在煮食物的时候加入，印度多用油煎炒以炒出香味。有增香去肉腥的功效。但注意不要将其炒焦。

姜黄

姜科的根，加热后干燥，磨成粉末状。黄色鲜艳，易着色，咖喱的黄色也是源于此。生姜特有的土香和苦味，即使用少量也会有很强烈的香味，所以请注意使用分量。

奈尔主厨的移动香料袋。为了方便携带，奈尔主厨将各种香料分成小袋。奈尔说："分小份的容器，在开口部分做成可放入计量用的勺子，很方便使用。"打开袋子，香料的香气立刻四溢。当然做奶茶用的红茶也是常备的。

基本的烹饪用语

菜谱中出现的常用语。对烹饪方法心存疑惑的时候，不妨对照着确认一下。

①

去碱、除沫

指的是去除鱼肉、蔬菜中的苦涩。准备的时候叫作"去碱"，比如说将牛蒡焯水或用水煮魔芋。在煮材料时有白色的浮沫，舀去浮沫叫作"除沫"。

调味

做好的味道不够时稍作补充，调成最佳口味。通过加少量的盐、胡椒进行调节。

沥干油

炸东西时，将食物从油里捞出，去除食物上多余的油分，叫作沥干油。经常是放在铁网上，轻松容易。

②

带皮侧

鱼或鸡肉带皮的部分，带皮的那一侧。"从带皮侧开始烧烤"指的就是先烤有皮的那一侧。

切块

将大型鱼的鱼身切成适当大小的块状，如鲑鱼、鳕鱼、鲅鱼、鲕鱼、鲷鱼等。

③

上盐

指的是在食材上撒盐，或者是在中途加盐。用于调底味或者调味。

调底味

指的是事先给食材调味。在鱼或肉上撒盐或香辛料，稍稍使其入味。

少量

用大拇指和食指2根手指抓的分量。盐的话大概是$\frac{1}{30}$小勺，相当于0.2g。

肉末

指的是肉类或鸡肉等用剁肉器或搅拌器做成的顺滑碎肉。是放入面里的鱼丸或炸鱼饼的材料。

④

足量的水

材料入锅，加水时完全淹没材料。

变黏稠

指的是变成稠状。多用于溶解淀粉，加入煮的汤汁里。

基本的切菜方法

切圆片

将球形或圆筒形蔬菜横过来，从顶部切片。厚度视料理而定。

切半月形

将圆形食材纵向切半，将切口向下，从顶部切。如其名，切成半月形状。

切扇形

将圆形食材纵向切半，将切口向下再次切半，从顶部切。切出的形状形似银杏叶。

切细丝

将蔬菜切成4～5cm长的薄片或薄圆片，重叠在一起，从顶部切细丝。沿着纤维切的话会很脆，切断纤维会变软。

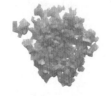

切末

指的是将蔬菜细细切碎。先切丝，之后从边缘开始切成1～2mm的小丁。

切丁

比切末大一点儿。丁在3～4mm。

切块

将蔬菜横过来切，斜过来切，来回滚动。断面表面积大，易入味。

切碎末

将像葱那样细长的蔬菜从边缘开始切成碎末。

⑤

干烧
用少量的煮汁煮至汤汁基本消失。味道多甜辣醇厚。这样煮出来的东西叫作"干烧"。

熬煮
开火烧食材，煮至汤汁基本消失，再继续煮，使汤汁或酱汁的水分蒸发，味道醇厚。

⑥

调节火力
指的是根据调理状态来加减火候。常在料理过程中加强或减小火力。

足量的水
在锅里摆平材料，加水，刚好漫过食材的水量。

一小撮
用大拇指、食指、中指3根手指抓起的份量。盐的话，大约是$\frac{1}{12}$小勺，相当于0.5g。

温煮
煮至水变温的程度。汤汁不沸腾。

煮沸
汤汁煮沸后，用微火稍煮一会儿立刻关火。

⑦

裹衣
粉或细小的东西洒满食材。油炸时的蛋糕粉或淀粉。

沥干水分·去除水分
去除材料上多余的水分。用滤网捞起沾水的食材，或是甩去蔬菜上的水分，用厨房用纸吸走鱼身表面的水分等。

水溶淀粉
指的是用水溶解淀粉。将淀粉加入汤汁使其变稠时，会结成小球，所以要事先加水溶解。水的量约是淀粉的2倍。

浸水
指的是将切好的食材放入倒满水的碗里，旨在去除苦涩、使其吸足水分变脆。

泡开
将干燥的竹笋或者蘑菇、粉丝、干面、明胶等，使其含水，恢复干燥前的状态。

⑧

上烤色
烧烤食材表面，上金黄色。一般用于肉或鱼。

佐料
为提料理的味道而添加的蔬菜或者香辛料。如放在面顶部的香菜、切碎米的青葱、磨碎的花生等。

水煮
指的是用开水煮。沸腾后放入材料，大致过一下水。

开水烫
在沸腾的热水里放入材料后，烫一下，立刻捞上来。也称作"用热水浇一下"。放在滤网里入水即可捞起，很方便。

余热
指的是食材加热后的温度。

给料理添彩的两种装饰切法

越式风格

胡萝卜的装饰切法
在配菜中偶尔会出现的装饰切法。我们请教了经典的胡萝卜切法。只需一种切法就能做出越南风。

❶将胡萝卜去皮，切成约6cm长。用菜刀斜切约5mm深。

❷将胡萝卜倒过来切成三角形，距一开始的切痕5mm处入刀切。

❸用同样的方法切剩余的2处，之后切7mm厚。厚度视料理而定。

泰式风格

蔬菜装饰切法
泰国蔬菜的装饰切法大多细腻且有艺术性，这里介绍的是在家里即可简单做成的装饰。虽然简单，但因为是泰式风格，所以很不可思议。除了黄瓜，做绿咖喱用的茄子（→第39页）也可以用这种方法去皮切成。

❶用刨丝刀刨出花纹。　❷斜切。

美味易做的人气主厨

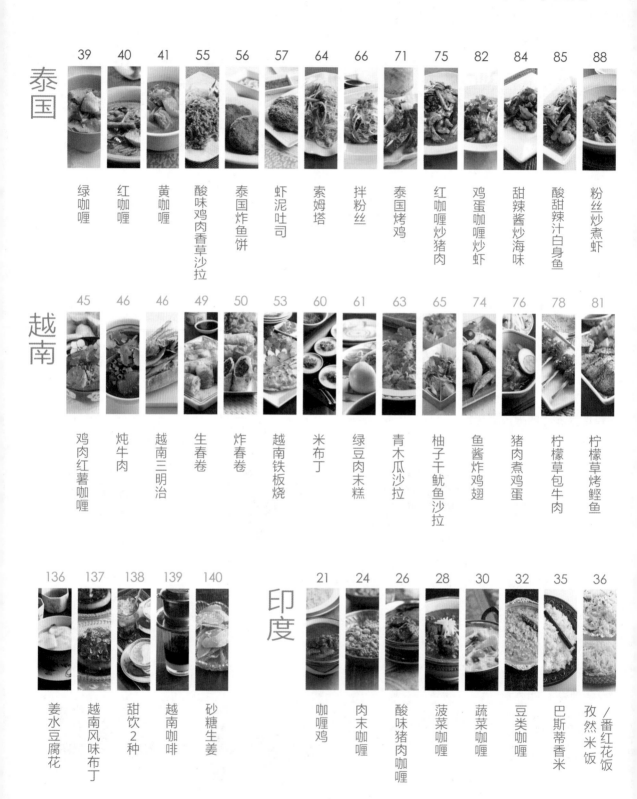

泰国

39	40	41	55	56	57	64	66	71	75	82	84	85	88
绿咖喱	红咖喱	黄咖喱	酸味鸡肉香草沙拉	泰国炸鱼饼	虾泥吐司	索姆塔	拌粉丝	泰国烤鸡	红咖喱炒猪肉	鸡蛋咖喱炒虾	甜辣酱炒海味	酸甜辣汁白身鱼	粉丝炒煮虾

越南

45	46	46	49	50	53	60	61	63	65	74	76	78	81
鸡肉红薯咖喱	炖牛肉	越南三明治	生春卷	炸春卷	越南铁板烧	米布丁	绿豆肉末糕	青木瓜沙拉	柚子干鱿鱼沙拉	鱼酱炸鸡翅	猪肉煮鸡蛋	柠檬草包牛肉	柠檬草烤鲣鱼

136	137	138	139	140
姜水豆腐花	越南风味布丁	甜饮2种	越南咖啡	砂糖生姜

印度

21	24	26	28	30	32	35	36
咖喱鸡	肉末咖喱	酸味猪肉咖喱	菠菜咖喱	蔬菜咖喱	豆类咖喱	巴斯蒂香米	/番红花饭 孜然米饭

东南亚料理 国别索引

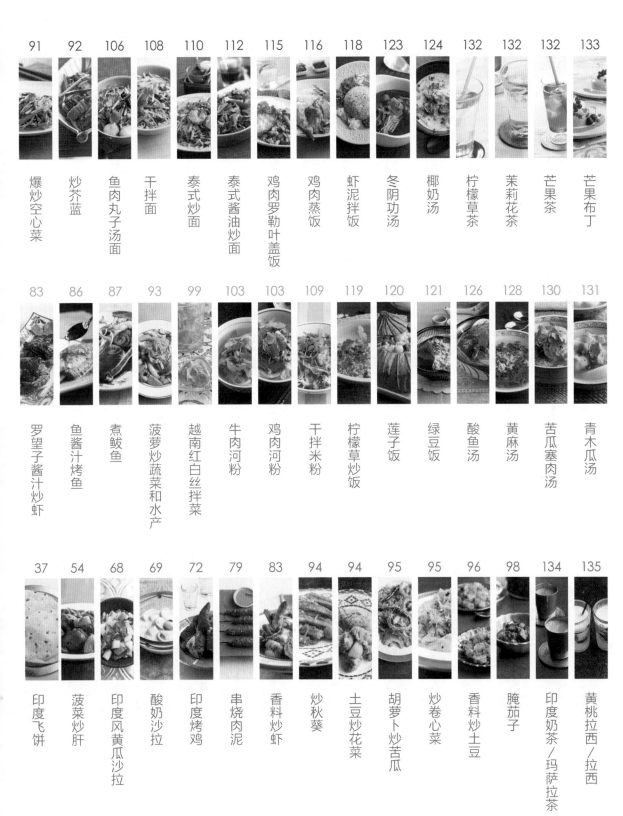

155

图书在版编目（CIP）数据

人气主厨教你制作美味的东南亚料理 ／（泰）天野中
等著；卞圆圆译. -- 北京：人民邮电出版社，2018.12
ISBN 978-7-115-49216-6

Ⅰ．①人… Ⅱ．①天… ②卞… Ⅲ．①食谱—东南亚
Ⅳ．①TS972.183.3

中国版本图书馆CIP数据核字(2018)第207653号

版权声明

美味易做的人气主厨东南亚料理
[泰]天野中 图帕扬·马纳托 [越] 特拉·希·哈 [印]奈尔善己 著
版权所有 © Coca Restaurant Japan Co., Ltd., Tran thi Ha, Yoshimi Nair, 2013
日文原版由株式会社世界文化社出版
简体中文版由株式会社世界文化社通过Tuttle-Mori Agency和北京可丽可咨询中心授权人民邮电出版社2018年出版

内 容 提 要

本书是由著名的泰国料理主厨天野中和马纳托，越南料理主厨特拉·希·哈，以及印度料理主厨奈尔善己共同精心编写的一本东南亚料理烹饪指南。书中详细介绍了多种东南亚料理的制作步骤及秘诀。书中用到的食材都是在超市能购买到的。学习本书后，无论是种类繁多的东南亚咖喱，经典的东南亚小吃、沙拉及肉菜，超人气的面食、米饭、汤，还是下午茶时间必备的甜点和饮品，您都可以在家亲手制作。此外，对于东南亚料理中比较复杂的制作步骤，本书都会详尽细致地进行说明，手把手助您成为东南亚料理达人。

本书还对制作东南亚料理所必备的知识、书中提到的食材、调味料及烹饪术语进行了详细的解说。相信在四位主厨的悉心指导下，您在自家的厨房里就可以重现在餐厅里吃到的经典东南亚美味。

本书适合家庭主妇及烹饪爱好者学习参考。

- ◆ 著   [泰] 天野中   图帕扬·马纳托
        [越] 特拉·希·哈
        [印] 奈尔善己
- 译   卞圆圆
- 责任编辑 杨 婧
- 责任印制 周昇亮
- ◆ 人民邮电出版社出版发行   北京市丰台区成寿寺路 11 号
    邮编 100164   电子邮件 315@ptpress.com.cn
    网址 http://www.ptpress.com.cn
    北京市雅迪彩色印刷有限公司印刷
- ◆ 开本：787×1092 1/16
    印张：10   2018 年 12 月第 1 版
    字数：128 千字   2018 年 12 月北京第 1 次印刷
        著作权合同登记号 图字：01-2017-4697 号

定价：69.00 元
读者服务热线：(010) 81055296 印装质量热线：(010) 81055316
反盗版热线：(010) 81055315
广告经营许可证：京东工商广登字 20170147 号